山下の家

# 山下英子的家

断捨離

# 断舍离手记

〔日〕山下英子 著

青岛出版社
QINGDAO PUBLISHING HOUSE

## 推荐序 I

# 从“断舍离女王”的家中，我看到了她的少女心

作为断舍离的“骨灰粉”，欣赏完山下英子的家，我就在心中默默感叹：“山下老师真的是一个大‘宝藏’，这次又给人惊喜了！”

对于老师愿意三百六十度地公开自己的家，将自己的家供人欣赏、点评这事，我并不惊讶，因为她本就是一个勇敢的人。

让我惊喜的是，她在整本书中都没有刻意宣扬“少物好生活”“无物胜有物”这类人们传统印象中的日式生活美学的概念。

山下英子的家特别真实，虽然从整体看，掩藏不住日式侘寂美学的痕迹，但从细节看，你会发现：哇，原来年纪不轻的山下老师的身体里可是藏着一颗浪漫的少女心呢！

整个家，全部都是她的影子、她的风格、她的味道。

### 1

在卫生间里，山下老师收起了所有的洗浴用品，只将它们全部装进一个透明的小桶，收纳在抽屉里，只有在洗澡的时候才拿去浴室。但是，她没有收起香味。她在厕纸上设了一个机关：将薄荷味

的芳香精油滴在纱布上，然后将纱布藏在厕纸筒中。这样，每次人们轱辘轱辘用纸时，就会有淡淡清香飘出。这一做法看似朴素无华，却可润泽心田。

在玄关三合土上，山下老师铺了一条丝绸质地的脚垫，相当厚重、结实。因为要每隔三个月将脚垫送去洗衣房清洗一次，所以她常备两条轮换着用。脚垫色彩鲜明，图案大胆又细腻，有浓浓的异国风情，一点儿也不“和风”。在本书中，山下老师揭秘：它们是自己从不丹和泰国的市场上淘来的。老师认为，在旅途中，如果遇到可心的东西，一定要说买就买。

卧室的床头也是山下老师少女心的极致体现。

日本是地震大国，不少整理博主宣称，卧室除了床应该空无一物，但是我总觉得这样也太寒酸了。而山下老师不同，她选择“与浪漫共眠”。她断舍离掉了非必需的杂物，但留下了充满异国情调和浪漫色彩的物品：床边角落里来自南非的麒麟摆设；床头的一尊来自不丹国立美术馆的非公开佛像；卧室墙壁上的在秘鲁街头偶然看见的风景画……一件件诱发“惬意睡眠”的好物，陪伴老师进入梦乡，也成为她的能量补给源，让她充满精力。

我原本想从书中看“无的艺术”，但山下老师偏偏谈起了“有的哲学”，这可真是“后断舍离时代”的真人实操指导了。

## 2

在山下英子的“断舍离系列”书籍里，她已将“扔东西的智慧”阐释得淋漓尽致。

我想，如果评选“全世界最会扔东西的人”，山下老师应该当之无愧进入前三。

而看完山下英子的家，我在内心默默地为老师鼓掌：原来，这位教人如何扔东西的“传教士”本身就爱买东西，而且眼光犀利、特别会挑。

山下英子老师的品位很棒。如果有一天，她出版一本教人如何买东西的书，可能也会“圈粉”无数吧！

整本书中，让我看得最津津有味的，是她的餐具。

每一样物品仿佛都在说话：“我可是女主人‘动了心思’才买回家的呢。”

日本石川县的九谷烧特别有名。山下英子家的大小平盘、茶碗，几乎都是九谷烧。她甚至在橱柜里开辟了一层九谷烧专区。展示，而非收纳。

葡萄酒杯来自英国皇家瓷器品牌韦奇伍德，一只要三千日元（1000 日元约合人民币 66 元）左右。酒杯都这么讲究，杯中物自然不会将就。

喝茶的茶壶和茶具则来自中国台湾。简约素雅的白茶杯，仔细看，可欣赏到杯中所绘的漂亮的立体花卉图案。

在山下英子家中，还有一套提醒她“时刻都幸福着”的匈牙利高端品牌——赫伦的茶杯。这个品牌的东西价格昂贵，每件物品的价格都高达几万日元。它们原本在山下老师心中属于“可望而不可即”的物品，但在某一年春天，因为身体欠佳，她决心给虚弱的身体“注入”活力，于是网购了一套六件的赫伦茶杯。到手后，她决定每天使用，通过用好东西提升自我认知与自信。

山下英子的购物观和时尚设计师薇薇安·韦斯特伍德的“买少、选精、使之隽永”思想一脉相承。后者作为“朋克教母”，提出这样的主张，在消费主义盛行的时尚圈是标新立异的。而山下英子作为“断舍离女王”，提倡只用高级的东西，是希望让更多的断舍离实践者相信：自己值得用好的东西。

如果你学会用心挑选和对待每一件日用品，你也会因此学会如何宠爱自己。这是我从山下老师身上学到的。

## 3

作为中国第一个专注整理文化传播的自媒体“第 1 整理术”的

出品人，我发现无论是我本人还是我的读者，在经历过一轮集中的、彻底的断舍离后，或多或少都会有设计一个属于自己的家的心愿。

在有限的空间里创造无限的可能，设计自己的家，也是重塑生活的开始。

如果你也有这样的想法，不妨看看这本书。山下英子在一个主人已装修过的出租屋里，打造出了她的理想生活空间。我想，这应该远没有达到老师心目中的完美。但正因如此，反而可以在各种遗憾中，让她更好地认识自己、探索自我，做出下一步的选择。

你可能会问：山下老师在东京独居，为未来的“单身生活”做准备，所以这本书是否只适合单身人士呢？

我想，如果你只把它当作一本收拾房子的教学书，的确单身人士可能受益更多。但若你从另一个层面理解这本书，例如你想要重新梳理自己的物品价值观；你想要花买一杯星巴克的钱，进行急速品位补习；你想要了解一位日本整理大师不为人知的故事……不妨沉下心来，读读这本书。

阅读的方法，并不需要从头到尾地读。

我建议你回家后，先在屋里踱步一圈，选择一块你感觉有些不对劲的区域。然后翻开书，对比山下英子老师的家的相应区域，找到灵感，做出改变和调整。

当有一天，你发现自己已全然被心动的物品包围，走在家里每一个角落都感觉很幸福时，就该把这本书断舍离了。记得，不是丢进垃圾桶，而是送给一个你喜欢的人，把你对生活的敬意传递下去。

我曾做过两次山下英子老师的专访，最近一次是在 2019 年的春天。见面后，我送给老师我们第一次见面时的合影，老师则送我一句话："日日是魄力。"我将它翻译成：祝你成为更有魄力的人。

我把这句话分享给了"第 1 整理术"的读者，便有人问我："为什么不是更有魅力的人，而是更有魄力的人呢？"

我的理解是，魄力是一种决断，是一种可以通过断舍离不断习得的能力。而魅力，是一种优雅的姿态，需要用一生去好好修炼。

"第 1 整理术"相信，无论是魄力还是魅力，每个人都可以拥有。

但更重要的一点，无论是断舍离新手还是"资深粉"，千万不要把我们对世界的好奇心给断舍离掉！

周一妍

资深媒体人，"第 1 整理术"出品人

2019 年 5 月 15 日，写于上海

推荐序 II

## 现在还有人不知道断舍离吗?

你可能不知道山下英子老师，但一定听过“断舍离”这三个字。从2013年刚刚接触日系整理，我就拜读了山下英子老师的《断舍离》一书，这本书让我意识到整理不仅仅是把空间清理干净、把物品摆放整齐，整理是关乎更深层次的内心的。

刚开始做上门整理的时候，我经常会用断舍离这三个字，不仅好用，还会让客户觉得自己在做的事不仅仅是家务类的体力劳动，而是关乎自己内心的锻炼和修行的工作。

而这本书——《山下英子的家——断舍离手记》，让我对“离”字有了新的认识：反复“断”与“舍”，从对繁多物品收纳摆设的追求中脱离出来。（原文是：脱离对物品的执念，处于游刃有余的自在的空间。）

我做整理师是从整理自我开始的。在学习了日系整理术之后，我又结合自身特点和整理自己的实践过程，总结了自己的方法，然后才为别人整理。刚开始为客户整理时，是需要尊重别人对断舍离或是收纳的理解的，以帮助、引导客户达成他们对空间的诉求。后来我渐渐发现，每个人对断舍离的理解都不同。

我有幸与山下老师的中方团队一起合作过断舍离主题分享会，会上有听者认为，断舍离就是“扔扔扔”，但其实断舍离还包含了“买买买”。山下老师在这本书中就阐述了这一观点：让物品在家中不停地流转，扔有扔的准则，买有买的规则，在这个过程中，人的品位和对自己的友好感是会逐步提升的。

我在厦门见过山下英子老师。因为断舍离是山下老师通过习练瑜伽参透的修行哲学，所以在我的想象中，她应该是一位非常克制又严谨的日本女性。但现实生活中的老师并非我想的那样：她一直带着温暖的微笑，很 nice（友好）地回答问题，喝起啤酒来充满活力又可爱、豪爽又潇洒。这与我之前的想象大相径庭。

看完这本书我才明白，山下英子老师就是行走的“断舍离标语”。她首次曝光的居所，让我看到正是因为长期践行断舍离，生活才能如此游刃有余，如此潇洒。

东西越少，内心越丰盛。这个“少”的标准是在践行断舍离的过程中确定的，丰盛的内心也是由你自己决定的！

罗布

## 推荐序Ⅲ

# 家，就是夺回自己主权的地方

东京市中心，在紧邻东京塔的区域，有一座拔地而起的简洁公寓。行至高层，开门入户，便是年过60的山下英子独自生活的地方。

仔细打量这个家，你会发现许多不同寻常之处：客厅里没有沙发，倒有一对酒店里常见的钢管椅；摆在家具表面的杂物少得可怜，让人觉得主人也许很少回家；脚垫、拖鞋、洗涤用品，这些日常必备的物品在这里全然不见踪影。

“以东京的公寓为根据地，我生来头一遭的单身生活步入正轨，我在这里过着极自然的简单生活。”山下英子如此形容自己在这间公寓里的生活。

作为断舍离概念的提出者和“专业家庭杂物咨询师”，从50岁起，山下英子就一直忙于帮助普通人丢弃家庭废物、优化收纳、反思和修复家庭关系。在人们的想象中，山下英子的家也一定干净清爽、关系和睦，优雅地折射出她的理想和个性。

但其实，在提出断舍离概念整整10年后——她60岁时，山下英子才第一次夺回了对家的主权，才真正拥有了一个让自己感到安心舒适的家。

## “家”是母亲价值观生根的地方

和大多数人一样，山下英子的第一个家，就是出生时父母为她建造的地方。

山下英子 1954 年出生在东京。“我妈妈曾经是个富家小姐，向来不擅长做家务。她刚结婚时，过了段苦日子，生活改善后，便开始对金钱产生了很强的执念，总往家买一大堆东西，旧物也舍不得扔。久而久之，家里的物品堆积如山。这样的环境，让我感觉很难找到‘立足之地’。”

伴随囤积物存在的，还有不算和睦的家庭关系。“妈妈脾气不好，记忆中她总在抱怨爸爸，两个人吵作一团。”母亲还不断地用自己的价值观塑造女儿。“我妈妈有那种传统的观念，她认为女人是没用的，她对自己非常不满，不满自己怎么没能力像男人一样赚钱，她会觉得，为什么你（指山下英子）也是女人？”

英子这个名字是 Hideko，但母亲总是难听地叫她为 Deko（额头），“每次听到妈妈叫我，第一反应都是我又怎么了？”在母亲塑造的废物如山的家中，山下英子接受着她贬抑却又严格的规则。“年轻时的我，只想要逃离。”

22 岁，山下英子从早稻田大学毕业，她在表亲里相中了一个男人，早早结了婚。这一次，她觉得终于能建立自己的家了，但母亲的价值观依然如影随形。

她把放暑假的儿子送去和母亲同住，夏季多雨，母亲很快给外孙准备了 8 把雨伞；只是几天没回家，母亲就囤积了一堆西药，以备“不时之需”……终于，有次趁着母亲住院，“出于报复心理”，山下英子大刀阔斧地扔掉了母亲的许多东西，结果母亲回家之后，声嘶力竭地和她吵了一架。

“那时候我已经快 50 岁了。我突然明白了，自己和妈妈根本就是价值观完全不同的人，扔与不扔，其实是我们俩的一场夺权大战。也许最该断舍离的，是她一直以来对我的影响。”最终，山下英子放弃了帮妈妈整理住所的想法。

不再纠结，她反而明白了妈妈不幸的根源：“和追求自我实现的男人不同，在家庭中，女人的价值来源于‘被别人需要’。她只有不断地操控他人的价值观，才能获得满足感。”而被妈妈教育出来的山下英子，一直以来想做的，无非也是用自己的价值观去矫正别人。“承认父母也有他们的人生，你才能继续走自己的路。”

终于，她体会到自由。

## 让人痛苦的东西都该被丢弃

然而，在 50 岁之前，让山下英子烦恼的事情绝不仅仅是母亲。

结婚后，她搬到位于多下的山形县，和婆婆一家住在一起，“没想到进入了另一位母亲的束缚之中”。婆婆也是个控制欲极强的人，“家里每个人的作息时间都要掌握在她的手中”。

1991年，日本经济泡沫破裂，社会氛围凝重，步入中年的山下英子也陷入了巨大的焦虑之中。掉头发，瘦成皮包骨，白细胞减少……“当时我真的到了极限，感觉可能就会这么死掉。”

而她选择的解决问题的办法，是再一次“出逃”。跟丈夫一起和婆婆谈判要搬出去住的时候，婆婆冷嘲热讽地说：“东京来的媳妇，真是要把家都拆散了呀。”

搬出去后，幸福只持续了很短的一段时间。不久，山下英子接到住在德国的姐姐的来信：姐姐的女儿被诊断出患有性别认同障碍。好面子的夫妻俩不愿接受这一事实，在心理重压之下，姐姐患上了癌症，病情急剧恶化，很快就去世了。“没过多久，她（姐姐）的女儿也选择了轻生。”一个家瞬间分崩离析。

姐姐家的悲剧让山下英子开始思考：逃避其实无助于解决问题，只有抛下成见，人才能相互接受。这也是为什么她之后提出了断舍离的概念——断绝不需要、舍弃多余、脱离执念。人总免不了被自己长久形成的价值观捆绑，我们要能认清现状，试着与其和平共处。

总有人认为断舍离只是扔东西，但扔东西其实是种训练，目的是能扔掉自己对价值的强求，扔掉矛盾。

山下英子讲过一个故事：有一次，她到别人家做客，刚刚上午10点，屋里却黑漆漆的。客厅中间堵着个硕大的沙发，因为主人觉得拉窗帘必须跃过沙发，太麻烦。山下英子一边抱怨，一边去拉开窗帘。打开窗帘后，窗台上是盆蔫枯的植物。“好像五年前就这样了吧。”主人说。沙发又破又旧，上面还堆满衣服，就好像这个沙发把她的整个人生都堵住了……询问之后才知道，主人的丈夫在20年前出走，之后这个家就一直保持着原样。房间亮堂起来，人就会看清现实，所以女主人才会尽量不去改变，不去面对。

丢弃东西是个比喻，其中带着“这样就能丢弃痛苦回忆”的愿望，就不再需要逃跑。而对山下英子来说，聚集了痛苦回忆的地方，恰恰是她一次又一次组建又逃离的“家”。于是，她率领着众多有相似遭遇的人，放弃过去，融入当下，安于未来，开始了一场以家为战场的战役。

## 我属于哪里？

但山下英子的问题始终没能解决，“我不知道自己到底属于哪里。”

直到2014年，由于诸多演讲活动，她疲于在山形和东京之间奔波，因此决定在东京租间公寓。60年来，第一次独居，她选了一个从窗口就能眺望东京塔的房间。没人再强行要求她买个笨重的大沙发，也没人管她是不是把绿植放在板凳上，她可以放心践行那些显得有点儿过分的收纳小怪癖，还花“巨资”给自己置办了心仪已久的进口锅具。

她终于感到自己有了个真正的家。

虽然在多数人看来，一个真正完满的家，应该是被家人围绕、和睦共处的，但或许在一次次跌倒中，可以换个角度思考这个问题：家不一定是一个集合体，归属感也不一定是共处带来的。

“任何人或早或晚都会‘单身’，怎样接受并享受单身生活，是需要智慧和付出的。我希望为‘成年人的单身生活’提供一些启发。”山下英子说。

Lens

2019 年 5 月

## 推荐序Ⅳ

# 做会“扔东西”的人

我也不是一开始就会整理的人，所以我想把这本书推荐给整理起来有困难的人。

断舍离是一种生活方式，它告诉我们要扔掉不需要的东西，远离对东西的执着，以达到不给生活添加麻烦、让心有余裕的境界。这种生活方式不仅适合整理，对人际关系也很重要。

断舍离在韩国也掀起了一股热潮。

通过“舍弃”，我们把不必要的东西扔掉，留出空间，把需要的东西放在触手可及的位置，使空间更广阔，使生活更方便。

在全世界范围内，虽然通过减少不必要的物品创造空间和时间，单纯地生活着的 Minimalist（极简主义者）群体在扩大，但是不能丢弃没有必要的东西，有强迫性储藏爱好的 Hoarder（囤积者）的数量也在迅速增加。

但是，人类是会受环境影响的。不管是囤积者——有太多不必要的东西将他们的生存空间占满，还是极简主义者——只和空荡荡的、没有东西的空间打交道，都不能使人们真正舒适。

所以，学会断舍离，扔掉不需要的东西，留下能够愉悦自己的东西，在空间的“填”和“空”之间保持平衡，生活才能平衡。

习惯不是一朝一夕可以形成的，但小的习惯会给生活带来巨大的变化。仅将此书作为礼物，推荐给还不会“扔东西”的朋友。

郑京子

韩国整理收纳协会会长

即将出版《整理的魔法》

# 自 序

## 面向断舍离的未来

### ——充满情趣与平和的生活

您好！欢迎来到山下英子的家，现在，我一个人居住的东京公寓就是本书的舞台。

承蒙大家支持，断舍离已被众多人士认可，我也姑且继续往返于石川与东京之间。三年前，随着往返频率加大，我单身居住的生活开始了。眼下，以东京公寓为根据地，我生来头一遭的单身生活也步入正轨。家里的墙上装饰着绘画，用喜欢的餐具吃饭，在舒适的床上休息……现在的我过着极自然的“简单生活”。

话虽如此，我也难免有心情忧郁的日子，难免因病闭门休养一段时间。每每这时，激励我振作起来的是我喜爱的赫伦（HEREND，匈牙利瓷器，世界顶级陶瓷品牌）茶杯，或是在冲绳买的西撒（有“冲绳守护神”之称的狮子神兽）画像。家里放的都是能令我振奋的摆件。

本书旨在为“成年人的单身生活”提供一些启发。因为任何人或早或晚都会“单身”，怎样接受并享受这单身生活是需要智慧和付出的。书中，我将自己的单身生活公开，那些“见不得人”的部分也会被一并晒出。

很多人认为，在单身生活与跟家人一起生活这两个场景里，物品的摆放方法大相径庭。其实不然。想要打造舒适、整洁的家，只要记住三个字：断、舍、离，不断打磨对物品“要·不要”“快·不快”“适·不适”的感知即可。这样一来，空间利用随心所欲，房间布置整洁舒适，清扫打理简单轻松，愉悦生活的良性循环就自然形成了。

断舍离的基本原则：

·断——“断”绝大量物品增加。

·舍——“舍”弃不要的物品。

·离——反复“断”与“舍”，从对繁多物品收纳摆设的追求中脱“离”出来。

断舍离是一种训练，训练越刻苦，对空间的利用、生活的质量就会越好。

本书用“断舍离”引您走向美的世界。

何谓“美”呢？

·美——充满情趣与平和的生活。

如果将我们的家比作肌肤，为保持肌肤湿润清洁，首先要清除堵塞毛孔的污垢或皮脂，并防止堵塞毛孔的污物产生。若没有做好这一步就化妆，不过是表面功夫，甚至适得其反。这就是断舍离的道理。

但有时，皮脂清除过度会造成皮肤干燥而失去光泽，所以，断舍离也要把握好尺度，物品并非越少越好。

乱七八糟的屋子令人心生困扰，徒有四壁的房间也着实无趣。“适合我的东西是什么？”在彻底问清自己后，我们要将过剩的物品果断丢弃，代之而来的便是“余裕”。

空间的宽裕、时间的充裕、人际关系的从容就是“余裕”，这种余裕就是为生活带来情趣的“美”。我正是因为舍弃了多余的物品而常年身心愉悦哟。

本书集合了我家的各个空间。您既可以从自己关心的空间、内容看起，也可按顺序由厨房浏览到玄关。请慢慢观赏。

山下英子

2016 年 10 月

# 目　录


推荐序Ⅰ　从“断舍离女王”的家中，我看到了她的少女心　001

推荐序Ⅱ　现在还有人不知道断舍离吗？　007

推荐序Ⅲ　家，就是夺回自己主权的地方　009

推荐序Ⅳ　做会“扔东西”的人　015

自　序　面向断舍离的未来——充满情趣与平和的生活　017

第 1 章　走进“**断舍离**”生活

断舍离不仅仅是扔东西　2

我们都是被物品操纵的木偶　4

断舍离就是取舍的自由　10

断舍离“三步走”　12

第 2 章　“**食**”空间

厨房，水平面上一柄壶　7：5：1 法则营造隽美空间　18

物品触手可得　事先费点儿工夫，以后操作轻松　22

舍弃抹布　高效使用一次性纸巾，时刻保持清洁　26

收拾干净再扔的垃圾　将垃圾箱收纳于水槽下　28

剪开海绵，用途更广　清洁第一，美观第二　31

不设控水架　清洗餐具麻烦是因数量太多　34

凭视觉效果选锅　抽屉内的陈列也要美观　36

小小砧板拿起来全不费力

砧板与锅垫、防热手套并排悬挂，简约清洁　39

一器多用，还是和式餐具

和式餐具用处多，既可煮面又可煮菜　42

平日就用高级茶杯　不备宾客专用餐具　46

煮饭器、微波炉的断舍离　重新认识家电，让厨房变宽敞　48

空密封容器，冰箱内存放　容器统一尺寸，只需九个　50

食材按需购买　剩下的菜，切碎放进冰箱　54

餐具垫做编导　在海外突发奇想买下的餐具垫纸　56

一盘一饭，妙趣横生　一个人用餐，更要完美编导　58

TOPPING 妙用　宴客料理也能短时间做成　60

厨房一角装饰上最喜爱的器物

因妙不可言之缘收获的冲绳陶瓷器　62

## 第 3 章 “衣”空间


让衣帽间“新陈代谢”起来　用衣架数控制衣装总量　66

穿高品质内衣　让棉质内衣 100% 毕业吧！　70

长筒袜用无盖收纳筐保管　还能穿？不，不要再穿了　72

旅途中的全能帮手，包袱布的魅力　大的一块，小的两块　74

不持有特殊日子所需衣装　服装租赁店里合体服饰琳琅满目　76

职业装一月一套　常葆新鲜，总计六套　78

越是便装越要讲究　不断向“成为这样的我”冒险　80

睡觉穿白色棉质罩衫　专属自我、专属熟女的编导　82

一个冬季两款外套　一件基本款，一件情趣款　84


## 第 4 章 “寝”空间


诱发惬意睡眠的物品　卧室的第一要素，安全与安心　88

带腿家具，清扫方便　即便仔细清扫，还会扫出灰尘　90

与首饰长久相伴　不要珠宝匣，直接存于抽屉内　94

床单三天一洗　被褥更新，三年一次最为理想　96

## 第 5 章 “住”空间

客厅里不摆放沙发　这类大型家具不适合日本人的生活　100

窗边放置酒店里那样的桌子和椅子

　　房间里美得看得到水平面　103

不该让绿叶和鲜花绝迹　家里脏乱花草就易枯萎吗？　106

窗外景致要讲究　“遮挡风景的窗帘”不挂亦可　108

装饰特产画　装饰上墙，不愁安置　111

## 第 6 章 “洗”空间

不用浴巾　为自己定制高品质毛巾　116

只在早晨护肤，夜间就免了　清晰展示每件化妆用具　120

香波、香皂每次用时再带进浴室

　　需要脸盆？空无一物的浴室清扫起来更方便　122

只是擦亮水龙头，盥洗室就大变样

　　让家里如镶满钻石般闪闪发亮　124

擦亮看不见的地方的乐趣　排水沟不黏滑的秘方　126

年底不需要大扫除　奉行“随手清洁”，常年保持洁净　128

不需要卫生间专用拖鞋

淘汰难保清洁的蹭鞋垫、马桶坐垫、洁厕刷 130

芳香飘溢，令人欢喜 北海道特产天然薄荷精油 132

## 第7章 “学”空间

餐桌用作工作桌 桌上，一台电脑、一个笔筒 136

笔筒里留三支笔 可当作艺术品欣赏的笔筒 139

用“三分法”管理工作 让乱成一锅粥的脑袋变清爽的方法 142

备用文具一元化管理 常常在文具店碰上新品类 144

多余的邮票分赠出去 加上句话，不给人造成负担 148

将纸质品在门口断绝 真有“扔了会惹大麻烦”这样的事？ 150

收到的明信片和名片的去向 姑且留下？不！ 154

贺年卡，免了！ 将这种负疚感断舍离！ 156

舍弃的书，保留的书

“书要拥有，书要翻烂”，这就是独成一派的山下流 160

让背包每晚尽情呼吸

掏出包内物品置于收纳筐中，回顾一天的时光 162

钱包，钱物之家 先决条件是全开放式，能够俯瞰 166

月历式记事本，三色笔　日程满满，房间杂乱！ 170
俯瞰灵光一闪的“思考整理本”　一旦导出，及早放手 172
以自我为轴与电视共处　能否按自己的意愿开或关 174

## 第 8 章 “通”空间

铺在三合土上的玄关蹭鞋垫
让“欢迎光临”与“我回来了”的空间充满美感 178
“请光脚入内”　清洁的家居，不需要拖鞋 180
鞋子占不到鞋橱的一半　像鞋店那样展示 182
称心称脚高跟鞋，一季两双　七分高跟，英姿飒爽 186
一人一伞　心爱的雨伞，怎会忘记带回？ 188
灾害储备，六瓶水足矣　心存不安，囤积储备心也难安 190

结束语 194

# 第1章 走进『断舍离』生活

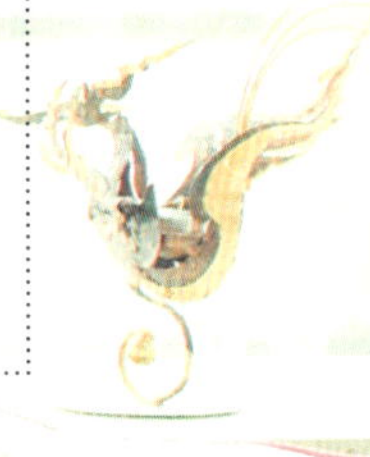

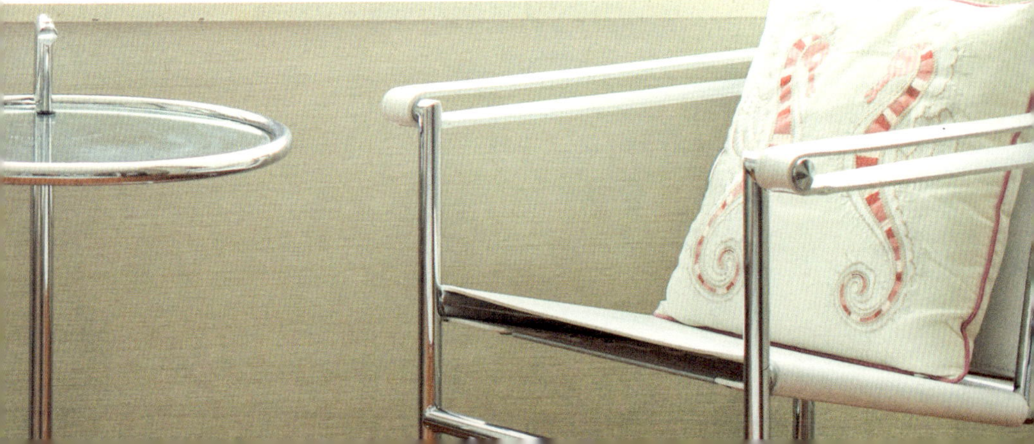

# 断舍离不仅仅是扔东西

说到断舍离，很多人都会想到扔东西这样的词，但事实上，断舍离不仅仅是把物品扔掉。断舍离是一种生活状态，是以自身为主角对生活进行净化，从而达到内心的平和、愉悦。

因此，我们首先要做的就是断绝物品的增加，断绝对物品的欲念，而不仅仅是把买回来的物品扔掉。

我想，我们很多人都有过“节食减肥”或者“饿到无力”的经历吧。平日，我们对食物没有什么感觉，但是当我们很饿的时候，当我们在努力控制自己食欲的时候，就会发现，原来食物是这么值得我们感激的东西。

其实，生活中的很多东西都是这样的，当我们大量拥有的时候，不会对它们产生感情，不会觉得这些东西是值得被珍惜的。这就是通过断绝物品的增加给我们带来的不同感受，它能让我们更加珍惜、感激身边的物品，从而获得愉悦的心情。

一般的整理收纳是使用工具将物品收纳起来，着眼于如何存放物品，而断舍离是从根源上——减少物品的数量，来达到保持空间整洁的状态的。

至于舍弃不要的物品，通常就是我们所说的扔东西了。但我们到底该如何扔东西呢？

现在，打开你的衣橱，拿出一件很久没穿的衣服，打量一下，然后问问自己，该不该扔掉它呢？

如果你想：这件衣服买的时候很贵，扔掉太可惜了。那么请赶紧扔掉这件衣服，你留着它只是因为不舍得。

上面这个过程告诉我们，在考虑是否要扔掉一件物品时，我们要从自身出发，而不是把这件物品当作主角。是否要扔掉这件物品，决定于我们是否还会用到它，如果只是可惜，或者是“说不定哪天会用到”这样的原因，就请赶紧扔掉它吧。

最后，当我们终于脱离了繁杂物品对我们的控制，重新夺回属于自己的时间与空间时，身边留下的就都是自己喜爱的物品了，心情也会变得快乐舒适起来。通过以自我为核心的、着眼于当下的、看得见的取舍，令自己看不见的世界也发生了变化，真切地感受到了自己的改变，明确地判断自己的气质与形象，将一个有个性的自己生动地展现在别人眼前，这就是断舍离的意义。

# 我们都是被物品操纵的木偶

我认识一个朋友，刚刚搬进新家时，她将房间收拾得井井有条，按照极简风的样式装修的房屋清爽怡人，使我每次去她家都有“再坐一小会儿”的冲动。

可是，这种令人喜欢的状态并没有持续太长时间。不到一年，我发现她家里的东西开始多了起来，便跟她说：“你要小心被物品吞没。”而她的回答是：“独自生活需要的东西实在是太多了。”

一年后，再去她家，一进门便是满满堆放的杂物，厨房里锅碗瓢盆成堆，看起来真是一个藏污纳垢的“好”地方。朋友的性格也发生了变化，她开始经常向我抱怨生活的不易，抱怨家政工作的复杂，抱怨自己都没有时间过自由自在的生活了。

我相信很多人都是这样的，生活被无数物品填满，于是活得像个提线木偶，被繁多的物品操纵而失去了本我。

请仔细想想，在这个消费盛行的时代，你有没有买过打折产品？

假如你独自生活，需要买一瓶沙拉酱，200 毫升的 20 元，而 500 毫升的正在打折，只需要 25 元就可以买到，你会买哪一瓶？

我想，很多人会不假思索地回答：“500 毫升的！”因为这让我们感觉占了便宜。

是的！占便宜的心理！这就是原因了！

但你没有想过，独自生活的你是根本吃不完 500 毫升的沙拉酱的，它会一直待在冰箱里直到过期。

我们总是在不知不觉中一头扎进商家的陷阱，做出这种看起来是赚了，其实是在吃亏的事情。

再比如，每逢过年过节、他人生日，我们总要费尽心思地挑选一件礼物奉上，但其中的绝大部分，我们自己收到的礼物也一样，只会被摆在家里的某一个角落，然后被慢慢遗忘。

社会因素令物质源源不断地涌进来，涌入我们的生活，又因为我们个人的原因，涌进来的东西出不去，就永远地堆在了自己的空间里。但是我们的空间就那么大，它不会随着物品的增多而变大，久而久之，自我变得很小很小，物品变得很多很多。我们必须要意识到这一点。

那么，什么样的人无法摆脱这样的状况，只能做一个被物品操控的木偶呢？

我想，应该可以分成以下三类。

第一类，不想留在家里的人。

现在，似乎很多人都有一种执念，要把自己装扮得很忙，好像有很多时间在家的人就注定是碌碌无为的人。所以这类人会说："我不是不想收拾屋子，我只是太忙了。"

但真的是这样吗？

仔细想一想，这类人之所以不想回家，其实是对家没有太多的期望，甚至是有些失望。比如，单身的人不想回家，不愿意面对冷清与孤独；家庭不幸福的人不愿意回家，不想面对家中无休止的争吵……

换句话说，这类人是不想正视某些问题，才把自己搞得"很忙"。

如果你是这一类人，首先要做的就是正视自己的内心，从心灵开始断舍离。如果生活不如意，就改变生活状态，离开让你不喜欢的工作、环境、人。请不要用"忍一忍就好了"的想法来安慰自己，日复一日地耽误下去，最终让自己成为那个"不想回家的人"。

第二类，无限回忆过去的人。

我曾经帮助一位客户整理屋子，一进她的家门，我就被成堆的物品惊呆了。

“先从储藏室开始吧。”我拿起一只小熊，“这个扔掉吧。”

她赶紧摇头：“不行不行，这是我女儿最喜欢的娃娃。”

我很惊讶，她的女儿已经结婚三年了，早已不与她同住，也不再是需要娃娃的年龄了。

后来，我又帮她收拾了厨房、书房、卧室。那些在我们看来已经早早到了“退休年龄”的物品，在她眼中都有一段故事。我忍不住问她：“你总保留着这些旧物，那新的呢？这两年，你有什么想与我分享的好物吗？”

她沉思，然后摇头。

要帮助这样执着于过去的人收拾房间是很费劲的。当然，我也会留着儿子小时候的纪念册，但这与执着于过去的人是不一样的，因为他们保存物品的数量是巨大的，甚至是一个不落的。这类人看不到现实，完全沉浸在过去里无法自拔。

如果你是这类人，那么你可以试试把所有的物品归类，关于一个人的回忆，请挑出一样物品纪念，剩下的统统扔掉。要记住，只有腾出空间，才能拥抱更多美好的记忆。

第三类，没有安全感的人。

我的母亲家中总存着 40 多种药品，她总觉得，说不定哪天就会得病，到那时如果用药不及时，就会对健康甚至对生命产生威胁。每次我帮她收拾抽屉的时候，我都能找出几十包过期的药物然后扔掉，可下次来，她又买了很多放进去。

没有安全感的人，实际上是对未来有着深深担忧的人。他们总觉得，如果没有这些东西，有一天遇上了突发情况就会很难度过，但这种“突发情况”却从来没有出现过。

我也会存东西。

日本处在地震多发带，每个在这里生活的人都应该存一些必需品以备不时之需，但我只会在固定的位置有计划、固定数量地存放少量必需品（水、食物、急救包等），并定时更新，绝不会让这些东西占据我生活空间的主要位置。而像卫生纸、护肤品这类物品，我是绝对不会多买的。用完了再买，需要多少买多少就可以了。

换一个角度说，喜欢囤积物品的人，是要通过保证物资充足来保证自己的未来，给自己安全感。所以，如果你是这样的人，首先要做的就是杜绝这样的想法，慢慢地学着减少囤货量。

## 断舍离就是取舍的自由

前面我们说过，断舍离不仅仅是扔东西，而是以自身为主角对生活进行净化，从而达到的内心的平和、愉悦。这种“净化”，包含了舍弃不好的、使自己不愉悦的东西，留下好的、令自己愉悦的东西这两方面。

断舍离不是要求我们把空间清空，而是要使空间愉悦。所以，断舍离的主角不是物品，而是空间，不管我们扔掉多少东西，或者留下多少东西，我们的目的是让空间变得舒适，即“空间概念”，而非“物品概念”。

所谓的“空间概念”，是指从空间的角度去思考，即要保持这个空间，我们需要什么物品，不需要什么物品。

想一想有没有这样的情况。

购物回来，我们会将好看的包装盒、礼品袋统统收起来。久而久之，在家中的某一个角落，会出现一大摞上面落满了灰的礼品袋。因为我们在收纳这些袋子的时候会想：这个袋子很好看，这个袋子很结实，这个袋子以后可以用来装东西……于是，这些袋子就被我们留了下来。这几乎是大部分人的条件反射行为，是我们对物品的思维定式。

而断舍离就是要脱离这种思维定式。

如果我们这样想：我要的家是舒适的、开敞的空间，我不喜欢杂物，不喜欢落了灰的不知道什么时候才能用到的囤积物。所以，即使礼品袋再精美，我也没有“收留”它的位置，没有为它而设的空间。所以，我要将礼品袋扔掉。

生活中，那些常常烦恼房间空气混浊、心情不畅的人，有很大一部分人是过着别人眼中“高级”生活的人。他们精明能干，出门总是穿戴高级的服饰，却不知为何将家里搞得一团糟，到处都是杂物。他们可能有很多高级服装，但真正穿的只是其中的几件，大部分的衣服只是躺在衣橱里白占空间。而他们每天用的水杯，却可能是参加某一场会议的赠品，上面印着大大的广告，毫无美感。因为他们会想：只是喝一口水而已。

这就是取舍的本末倒置。

# 断舍离“三步走”

对于刚刚开始断舍离的朋友，一定不要有“一口吃成胖子”的想法，上来就对“大件”（如衣帽间、厨房等）下手。不妨试试从一个抽屉开始。因为我们有时候无法预估过多的东西能够给我们带来的压迫感是怎样的，也许，在一开始的时候，你就被繁杂的物品浇灭了实践的积极性。

第一步，俯瞰物品。

无论是大到衣帽间，还是小到一个抽屉，我们看到的都是这个整体的表面，却看不到里面。也许你觉得衣服再多也不会将衣帽间撑大，但当你把所有衣服掏出来以后就会发现，庞大的数量已经将你的大脑“撑爆”。所以，我们要做的第一步，就是将一个整体里面的所有的东西掏出来，进行俯瞰。

先将空间清空，再想想空间里都需要哪些物品吧。

第二步，进行取舍。

首先，我们要扔掉废品。

废品有两种，一种是不能使用的东西，还有一种，是你早已不记得的东西。不能使用的东西不必解释，而不记得的东西，就是你不会再去使用的东西，它们的存在只是在占据你的空间，这样的东西也要果断扔掉。

以冰箱里的食物为例。已经过期的、变质的食物是废品，而那些在冷冻室存放很久的已经被你遗忘的食物也是废品。

然后，我们要扔掉现在不需要的物品。

前面我们讲过，有三种人是最常见的被物品操控的木偶，如果你仔细读一读，就会发现，这三种人都没有活在“现在”。他们有的人活在对过去的留恋中，有的活在对未来的恐惧中。所以，我们要做的，就是让自己活在“现在”。

让我们再看一遍被我们留下的物品，然后考虑哪些物品是我们现在需要的，哪些是偶尔才会用一次的，哪些是曾经很有用而现在没用的，哪些是留着以备不时之需的。然后，我们可以只留下现在需要的，扔掉其他的。

比如，我曾经买了一副名牌眼镜，非常昂贵也非常漂亮，但现在我的近视度数变了，这副眼镜已经不能再发挥它的作用了，可是因为它的价值和外观，我不舍得将它扔掉。在这里，这副眼镜就是占据我的空间的废品，要果断将它扔掉才对。

最后，还要扔掉使你不愉快的物品。

还有一些物品，它们不是废品，你也常常用到，但是你真的不喜欢它们。我们将这些物品称为“不愉快的物品”。

对待“不愉快的物品”，我建议你购置具有相同功能同时你很喜欢的物品来替代它们。

现在，让我们看看“不愉快的物品”具体是些什么吧。

1. 虽然用起来很顺手，但是即使它们不见了也不会使你茫然无措的物品。比如厨房里的刀具，每一把用起来都非常舒服，但如果某一天其中一把刀找不到了，你也不会发愁，因为可以用另一把刀来替代它。那么，这把刀就是“不愉快的物品”。

2. 虽然长时间使用，但就是不喜欢的物品。比如我们之前说过的参加会议赠送的水杯。

3. 虽然比较重要，但用起来总是有些不合适的物品。比如一双你每天晨跑都会穿的运动鞋，它总是有点儿磨脚，却又不会把脚磨破，而你懒得再去重新买一双，于是就想先凑合穿着吧。那么这双鞋也是“不愉快的物品”。

第三步，开始收纳。

这里说的“收纳”与通常意义上的使用收纳工具将物品收起来是不同的。其实，断舍离的目的就是探究并实践如何才能不做收纳。

当我们进行到这一步的时候，我们会发现留下的东西已经很少了，自己家中已有的空间突然显得很宽敞，于是我们不需要将所有的东西整理好，层层叠叠地收进抽屉、橱子里，而可以将它们都“排排坐”地摆放在那儿，使我们一眼看过去就知道都有些什么物品。这就是我提倡的“展示收纳法”。在后面，我会带领大家参观我的家，具体讲解“展示收纳法”是怎样做的。当然，断舍离与收纳的方法有很多，不仅仅只有“展示收纳法”这一种，在后面的文章里我会一一提到并做给你看。

下面，就请跟随我到我的家里去看看吧！

TOSHIBA

# 第2章『食』空间

# 厨房，水平面上一柄壶

## 7：5：1 法则营造隽美空间

“将厨房视为家里的主角”一直是我的理想。“食”构成了生活的中心，那么提供“食”的厨房，不应藏于后台，而要大大方方地在最受瞩目处公开亮相。

与老式的日本住宅不同，最近设计的住宅，厨房常被配置在最明亮的地方，与客厅、餐厅连为一体的开放式厨房也不再稀奇。但遗憾的是，大多厨房依然难成家居主角，这是因为厨房难以管理维护，常常杂乱不堪。滤水筐里塞满厨余垃圾、肮脏的抹布四处乱挂、焦黑的锅铲七零八落、尚未清洗的餐具堆满水槽……

每每在杂志上看到国外的家居厨房，很多人会望图兴叹：“为什么有那么多用具却看起来非常整洁漂亮？”这是因为所有用具都使用得当。让使用者与用具产生关系，就是维护保养工作见了成效。

如果你发现厨房难以维护保养，那就只能减少用具数量。

“扔掉不用的东西！”

事实上，从我提倡断舍离以来，就一直呼吁这一点。

我在英国家庭的厨房里见到过这样的布置：水平台面上仅有一

把烧水壶。顿时感觉这才是我梦寐以求的厨房的模样！厨房里烧水壶以外的大部分用具全被收纳起来，摆放出来仅有的几件都是精挑细选的、赏心悦目的用具，人在这样的厨房里做什么都轻松畅快。

说到厨房设计，很多人最先提及“动线”（活动路线）。为追求最短“动线”，他们常会以不移动身体便能解决问题的空间设计为目标，但如此做造成的后果则是摆在外面的物品泛滥成灾。

因此，我丝毫不在意“动线”，而是考虑取出物品时的动作次数，因为多做动作就是多费工夫。根据取出、收拾物品所费的工夫，我构建了“一个动作”的收纳体系，使大家能够合理使用厨房空间，节约时间成本，具体方法见下文。

## 水平台面清洁齐整

这就是前面提到的“水平面上一柄壶”的厨房。

在合理的、美的厨房里，看不见的物品收纳要占七成，看得见的占五成，展示在外的占一成，即“7∶5∶1法则”。

## 凸显物品之美

这柄因其优美的形体曲线而吸引我购买的烧水壶，是价值 1 万日元的目录礼品①。我将其单独摆放在空无一物的厨房台面上，使日常用具也能如艺术品般被凸显出来。

①目录礼品：受礼人从送礼人提供的产品目录中自行选择的礼物，钱数由送礼人支付。

# 物品触手可得

## 事先费点儿工夫，以后操作轻松

动作即工夫。我的目标是最大限度减少动作次数，尽量用一个动作就能将物品取出。

在此，我们先清点一下做每件事所需动作的次数。

比如，从餐具柜里取出一个大盘：①开门，②取出摞在上面的小盘，③取出大盘，④放回摞在上面的小盘，⑤关门。用完大盘洗净后放回柜子时，也需要这五个动作。动作次数越多，人越觉得麻烦，最后往往将大盘摞到小盘上关门了事。

所以，为了在开门后用一个动作就能取出大盘，就要严格控制餐具数量，仅留必要的个数、必要的种类，且将经常使用的物品置于手边。并且，收纳进橱柜时，不同餐具尽量不要重叠，就算重叠也仅限少量同种类、同用途的盘子的重叠。

置于冰箱内的食材和调料也应一触即得。以盒装的汤汁料为例：买回来后，先用剪刀剪开盒子上盖，再将盒内连成串的小袋也逐一断开放入冰箱。这样，急用时拉开冰箱取出小袋，就不需要又得开着冰箱门，又得开盒盖，又得撕小袋这几个需要同时进行的动作了。

另外，密封没用完的食材或调料袋口时，不要用费工夫的橡皮筋，可用仅需一个动作就能密封袋口的夹子。不用时，可将夹子置于冰箱门上的搁架上“待命”。

还有，我家厨房里的纸巾也是被我从袋中取出，预先放在架子上或抽屉里的，这样一来，万一什么时候急用，总能触手可得。

由此可见，要做到触手可得，就要“事先费点儿工夫”。

不要吝惜从袋中取出小袋、撕下盒盖等这类费工夫的动作，事先费点儿工夫，后续操作一下子就顺利起来了。减少动作次数就等同减少紧张感，让生活更从容。

## 一触即得，不费工夫

要严格控制餐具数量，仅保有称心如意并愿意珍惜的餐具。

只要餐具数量不多，即使不逐一对号入座，餐具柜也会清爽整洁。

## “展示性收纳”更易取出

上层是九谷烧的“华泉”。中层左侧是我喜欢用的九谷烧，右侧的木碗是轮岛（日本石川县北部的城市，漆器制造业发达）漆器。下层左侧是德国产的白瓷，右侧是泰国青瓷。

## 泰国青瓷也尽显“和”之情趣

在泰国清迈集市上觅得的青瓷，可使日式及欧式的任意一款料理引人垂涎。

**“触手可得”三步**

①开门

②取盘

③关门

### 从袋中预先取出

预先取出小份包装的汤汁料或调料，集中于无盖容器内保管。开冰箱门后，零碎物品所在位置一目了然。

### 厕纸逐个收纳

将备用厕纸事先从袋中取出，仅花费数秒工夫，就能在紧急需要时发挥巨大作用。

### 想用剪刀也不难

经常使用的剪刀也请简简单单地挂在墙上。有意识地进行“展示性收纳”，施展空间魔法，剪刀也会变成艺术品。

# 舍弃抹布

高效使用一次性纸巾，时刻保持清洁

厨房里晾挂着几块抹布很不雅观。另外，抹布无论从哪个方面讲都是个极费工夫的麻烦的存在。因为在擦拭餐具或操作台后，又会衍生出洗晾抹布这一项善后工作，成了善后之后的善后！

为断舍离掉这个麻烦，我的做法是稍稍增加些成本，用纸巾代替抹布。一袋纸巾约三百日元。最近欧迪办公（OFFICE DEPOT，世界500强企业，全球办公用品巨头）开启了网上接单，可以更快捷地买到这种纸巾。

纸巾的优点是用完就扔。近来，环保人士指责："使用一次性用品是犯罪！"但也有人反问："用完就扔的厕纸可惜吗？"

其实，一次性纸巾有诸多好处。

我们可以用纸巾擦完盘子再擦操作台或灶台，进行多次利用，最后把它扔进垃圾箱，而抹布就没有这种多用功能。还有，保持抹布清洁相当困难，必须用不够环保的除菌洗涤剂或花费工夫通过煮沸来消毒。可即便这样，抹布也不如新纸巾干净。

断舍离并不适合仅关注眼前事物、削减成本的朋友，它聚焦的是事物总体进展是否顺利。纸巾的使用，省去了洗晾抹布的工夫与时间，消除了无视空间美观而造成的杂乱。

**随处放置纸巾**

在用水处周边、灶台周边等纸巾使用频率高的地方放置纸巾。可将其与碗、擦丝器、起子等一起收纳于水槽下的抽屉里。

**污渍当场擦净**

纸巾应在需要时触手可得，因此要在水槽下、灶台旁、橱架上等多处放置。

# 收拾干净再扔的垃圾

## 将垃圾箱收纳于水槽下

我一直想做个会收拾的人，不仅能把一切事物打理得当，还会收拾垃圾。我产生这想法，是因为母亲就是个不擅长收拾的人。母亲的笨手笨脚常会让她自己感到无地自容。

所谓垃圾收拾干净再扔，就是要做到舍弃时也有美感。

将烹饭产生的厨余垃圾集中收进小塑料袋，并马上扎紧袋口投进大袋。当场将袋子密封好，就不会产生异味。住在公寓的我每天都要扔垃圾。

另外，因为垃圾箱难免肮脏发臭，所以我连垃圾箱也用完就扔。我家的垃圾箱是店铺送的纸袋。我将垃圾分成纸质垃圾、资源垃圾、可燃垃圾三类，存放在水槽下的抽屉里。若是纸袋脏了，直接整个扔掉即可。

## 垃圾箱置于水槽下的抽屉内

将垃圾箱置于产生厨余垃圾最多的水槽下的抽屉内。最适合做垃圾箱的是花店的正方形纸袋，稳定性好，大小合适。纸袋一旦脏了，它的使命也就结束了。

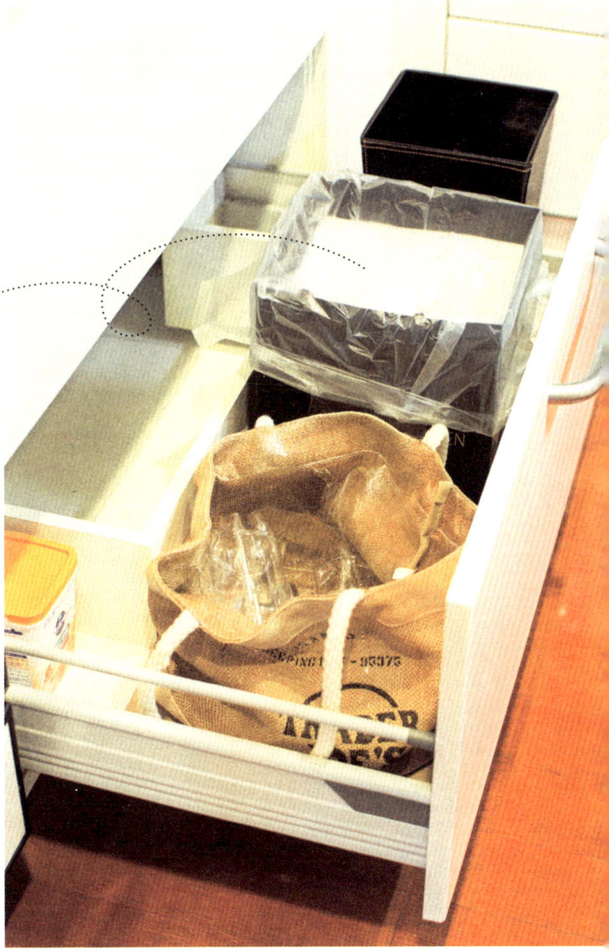

## 别吝惜袋子

厨余垃圾产生后要马上将它装进小塑料袋，即便袋内还有空间也要马上封口并扔进垃圾箱。这样，厨余垃圾暴露时间短，不会散发异味。

水槽是最易产生垃圾的地方，将垃圾箱置于水槽下，会使整个操作流程极为自然，拉开抽屉即可扔掉垃圾，关上抽屉，垃圾、垃圾箱就都不会暴露在外。

说到暴露在外，我们在公厕就常会遇到这样的尴尬事情：伸展开的卫生巾暴露在外的。这就是收拾不当引起的。就算没这么严重，厕所垃圾箱里纸巾外溢的情况也屡见不鲜。

将事物收拾得体并非要给谁看，而是培养我们自律的品格。想成为“会收拾的女人”的我，一定会将软软的纸巾使劲捏成团后再扔进垃圾箱。

# 剪开海绵，用途更广

## 清洁第一，美观第二

现在，厨房用的海绵的颜色非常杂乱，深粉红、深黄、深绿等颜色不但不美观，简直可以被称为“噪色”！

我一直在寻找养眼的自然色海绵，却始终未果。无奈，现在正用白色密胺海绵，不用洗涤剂也能洗净东西是它的优势。

用之前，先将海绵剪切成方便使用的小块，便于手握的尺寸最合适。剪开的海绵小巧灵活、使用方便，家中各个角落都因它而变得一尘不染。

要注意，海绵的使用寿命最长为三天。擦洗过餐具稍显破旧的海绵可再用于擦拭水槽或灶台，最后用于擦卫生间马桶，这比用纸巾清洁的效果还要好。这样，将海绵用到烂得不能再烂后直接扔进垃圾箱即可。

我发现，持续使用一块海绵的人非常多。海绵是细菌的滋生地，即使有人拼命除菌，也不可避免地会产生污染。所以要我说，与其除菌，不如扔掉！海绵以一次性使用为前提，干净的海绵可用来洗刷餐具。

提供食物的厨房，要保证清洁第一。由于餐具直接触碰口唇，因此对清洗餐具的海绵可马虎不得。

还是那个道理，剪开海绵，可能会稍稍费些工夫，但其后的操作就会轻松无比。由于人对操作过程的停滞容易感到紧张，因此先费工夫比后花时间更能使人感到轻松、愉悦。

## 将海绵预先切分成多块

将板状出售的密胺海绵剪切成方便手握的尺寸。因海绵的使用周期为三天，可多切一些置于透明容器内备用。同样，黄绿色的清洗水槽的海绵，也可剪开使用。

# 不设控水架

## 清洗餐具麻烦是因数量太多

因为我现在一个人生活，餐具数量少，所以饭后都是手洗碗筷。而与家人同住时，则主要用洗碗机，不管餐具是多是少，我几乎每次饭后都要刷碗。不像很多人，因不舍得水电费，就要把盘子攒够了再开洗碗机。

那么，这种节约到底成功与否呢？

首先，脏盘子不刷，会让人一直挂记在心，精神自然就放松不下来，不用多久，便会形成一种精神压力。大家都有过因精神压力太大而大把大把花钱的经历吧。对，那就是给努力奉行节约的你的"奖励"。若这还不算什么，那么因压力排解不掉而使"奖励"变为医疗费可就麻烦了。总之，原本要节约，最后一算，支出反而更多的情况不胜枚举，我将这称为"小算计、花大钱"。

再说说洗完餐具用的控水架。我从不用控水架。可能有人认为只有单身生活的人才不用控水架，其实，我与家人同住时也不设控水架。因为在本来就很有"存在感"的控水架上再摆满碗盘，绝对称不上美观。大多情况下，很多人会有口无心地来句"有控水架呢，先搁那儿吧"或"从控水架上拿盘子盛饭吧"，于是，控水架成了无意识行为的“证据”。

那么，没了控水架如何晾干盘子上的水呢？我通常将厨房纸重合在一起，在水槽旁展开，然后将洗过的盘子倒扣其上。水控干到一定程度后，再用新纸拭净盘子放回橱柜。

控水架与厨房纸的区别在于是否形成了“临时放置”的场景，而这场景一旦产生，就会衍生出更多的不必要的摆设。

**厨房里的“余裕”**

仅仅撤掉了格外有“存在感”的控水架，水槽周边就清爽了许多。因盘子不再出现在操作台上，也可避免其他炊具用完不收起来的情况出现。

# 凭视觉效果选锅

## 抽屉内的陈列也要美观

凭视觉效果挑选厨房用具是不会失败的。“用之美”这个词您可知道？其意思是用起来方便的东西经常使用自然会成为美的事物。

锅是“用之美”的代表。按“美得连餐桌都能上”的标准选择锅具，当推酷彩（LE CREUSET，法国知名厨具品牌）。

五十多岁才开始单身生活的我，在奔向百货商场锅具专柜时喜不自禁的心情，绝不亚于新婚燕尔。在向往已久的酷彩锅前，在为选红还是选白大动一番脑筋之后，红色酷彩便成为我生活的一部分！

我对于锅具的情有独钟，还要从二十几岁结婚后与公婆同住说起。当时“横行”灶间的是婆婆的毫无情趣可言的铝锅。“总有一天我要换只漂亮的！”年轻时的我便有了这一梦想。

大约十年后，梦想终于实现。这漂亮的锅像有意与分量极轻的铝锅唱对台戏似的，重量感十足。新锅让我劲头十足，对烹饪的热情空前高涨。

一只酷彩锅要三万日元左右，我将五种型号逐一备齐。最初的一只为标准尺寸，其次是为客人准备的稍大的椭圆形锅，再次是一只尺寸稍小的，焖米饭用的锅。

**收纳也成美景**

五只酷彩锅（另加其他品牌的一只）收纳于灶台下的两层抽屉中。美的炊具能带给我们美的心情。

**锅下的“坐垫”**

每只锅下面，都铺有在 NITORI（日本最大的家居连锁店）买的红色硅酮制锅垫。这种锅垫摩擦力很大，使拧开旋紧的锅盖变得很简单。

另外还有一只平底锅。这锅较深，极适合煮意大利面或荞麦面。即使本来不是如此用法，因为只有自己用，也就随心所欲了。这只平底锅只比烧水壶稍大，一个人用正正好好。

## 小小砧板拿起来全不费力

### 砧板与锅垫、防热手套并排悬挂，简约清洁

将切奶酪用的小砧板与锅垫、防热手套并排挂在操作台上方墙面，方便单手轻松取下。切菜切肉时也可以用这种小砧板。砧板用后清洗控水，只需再挂回原处，不需要靠在其他地方晾干，真是方便极啦！如此做全不费力，可保持清洁。

我一直认为没有比将厨房里的砧板暴露于人前更糟糕的事了。我为了消除砧板的“存在感”而购置的塑料薄砧板缺乏稳定性，切菜切肉时很不好用；与之相反的优质砧板又大都体形厚重，不便来回搬动。那什么样的砧板正好呢？

正纠结时，我与这小砧板“偶遇”，三层结构不但敦实稳当，还有极佳的视觉效果。这样的砧板绝对可以成为展示于人的厨房艺术品！我并不喜欢将所有厨房用具都挂在上墙，但一定要装饰性地挂上点儿什么，才不显单调，不失生活气息。

这“悬挂”就是“展示性收纳”。

重申一遍：断舍离将看不见的七成收纳、看得见的五成收纳、展示在外的一成收纳，即将 7 : 5 : 1 视为理想比例。

## 展示性收纳品挂于开阔空间

无论多精美的珍品，在拥挤杂乱的空间里都会失去品质。于开阔处简洁一挂，让讨人喜爱的小砧板更加出彩。

再说砧板的搭档——菜刀。我现有三年前购买的菜刀、水果刀各一把，平时用小一些的水果刀多一些。单身男女平日用小砧板、小水果刀就足够了。

来客较多时，大砧板便会派上用场，菜刀也将大显身手。

其实，在不知不觉中，我们就已选定了与生活规模相匹配的厨房用具了。

# 一器多用，还是和式餐具

## 和式餐具用处多，既可煮面又可煮菜

一器多用就是一件器物具有多方面用途，其灵活多样性就是“和”之魅力，这与榻榻米房间既能用作客厅又能当成卧室的道理相同。西式餐具煮菜时不能盛放太多菜品，而和式餐具既能煮菜又能煮意大利面，我个人是极喜欢和式餐具这宽广的“胸怀”的。

大约十年前，我就开始学习茶道，感受了“动动心思”的乐趣。一只茶碗，既能盛牛奶咖啡，也能盛米饭、大酱汤、荞麦面等，用法多多，器物使用的自由度一下子拓展开来。

要说我最喜爱的餐具，非石川县当地的九谷烧莫属。虽然色彩缤纷的彩绘魅力无穷，但我的手却不由得伸向其中蓝白图案的器具。从大小平盘到茶碗、小钵，它们的用途千变万化，非常丰富。

我的餐具柜有一层是专门展示九谷烧的区域，我将其称为“展示而非收纳”区域。在这里，我在餐具间空出足够的间隔，尽可能避免摞放它们。这样，这个空间不仅有了视觉上的美感，其“方便取出、方便收纳”的功能更是优越。

在石川县能美市寺井町，九谷烧彩绘的批发店鳞次栉比，这附近每年都举办茶碗节。在这里，打着灯笼都难找到的宝贝有很多，有的很值钱的器物甚至半价就能买到，绝对是发烧友的天堂。

前些日子，我时隔半年后再访茶碗节。不怎么懂行的我购物热情高涨，甚至到了忘我的境地。最后，我淘到手的是一件绘有龙与狮子的器物。

**九谷烧的“华泉”**

它们是最近刚来我家的新面孔，一位女性艺术家的作品，清爽的配色中龙舞在天，异常灵动。

**花卉图案的茶杯**

它们是我在中国台湾购买的茶壶与茶杯。简约素雅的白茶杯，仔细看则可欣赏到其间绘入了漂亮的立体花卉图案。

## 今天用哪种碗盘用餐？

厨房上面的架子摆放着杯具。
用九谷烧喝啤酒，用中国茶杯喝茶……
不时“动动心思”，别有一番风味。

## 赫伦茶杯给日常生活带来欢愉

心中憧憬的匈牙利品牌——赫伦的茶杯，正因为高档才被用于日常生活中，来营造“最幸福的时刻”。

# 平日就用高级茶杯

## 不备宾客专用餐具

向往已久的赫伦是匈牙利高端品牌，最上等的茶杯价格高达五万日元一件。我一直希望拥有一套赫伦茶杯，但因太昂贵，一直没有舍得购买。

今年春天，我因身体欠佳而闭门不出。“该给虚弱的身体注入活力！”借助这股心动，我网购了一套赫伦。由此，两万日元一件的赫伦终于进驻我家，我终于拥有了六件不同颜色的赫伦茶杯。

这次购物虽然冲动，但买到的茶杯已成为令我沉浸于幸福氛围中的特殊存在。茶杯虽然贵，我却丝毫没有只在特别时刻才欢天喜地捧出来欣赏的意思，正因为是上等货色，才要每天使用。

用好东西，会提升自我认知及自信，相信“自己值得用好东西”！相反，认为东西太好还是不用为妙的人，则给自己贴上了“不配用好东西”的标签。

在策划“公开断舍离”时，我登门拜访过一位作家。在她家厨房里，最先映入眼帘的，竟是二十多年前美仕唐纳滋（MISTER DONUT，甜甜圈连锁品牌）的赠品马克杯。本想从这里开始我的断舍离，她本人却说“还在用着呢”，怎么也舍不得丢掉。于是我问：“您现在几岁？”她回答：“四十七。”我又问：“您想成为一位怎样的女性？”她答：“优雅成熟。”再问：“那，这马克杯与优雅成熟的女性形象相衬吗？”她便无言以对了。很多人，要受尽质疑才能重新认识自己。

把宾客专用的高级盘子、杯子从橱架上取下来，毫不吝惜地使用吧！有客人时，只需将平日里就用的高级餐具拿给宾客使用即可。

**葡萄酒杯之美**

右侧图是韦奇伍德（WEDGWOOD，英国皇家瓷器品牌）的葡萄酒杯。酒杯易碎，应选择厚度适中的品类。一只三千日元左右的酒杯，杯中物自然不会将就。

## 煮饭器、微波炉的断舍离

重新认识家电，让厨房变宽敞

我们不曾怀疑煮饭器、微波炉存在于厨房的合理性，以为总会用到它们的。其实，没有这些厨房家电也不会特别为难。

我在六年前就断舍离了微波炉。这是因为我本来就不常用微波炉，要是再不做烧烤类食物，它就成了摆设。尤其在微波炉食品流行之时，它还因电磁波问题、破坏食材组织问题引起过热议，所以，我基本上是不使用微波炉的。再加上我会把切碎冷冻保存的佐料、蔬菜直接入锅，所以微波炉的解冻功能也不必要了。这使我最终意识到：我不需要微波炉。

平日生活里，我只要有平底炒锅和普通炒菜锅，大部分饭菜就都能做出来了。如果再有只压力锅的话，我的心里会更有底气。

继微波炉之后，煮饭器也于三年前被我断舍离。平时做米饭我用最爱的酷彩锅，不需要在睡前设置，只用锅焖米饭，操作简单，饭也好吃。

更进一步，电水壶也可断舍离，因为平时我只用烧水壶烧水。另外，榨汁机、手提式打蛋器这类小家电我也统统不要。

下面说一下冰箱，我们确实不能连冰箱都断舍离，但可以考虑断舍离冰箱的尺寸。

“本想换个大冰箱，不过冰箱里的东西都被断舍离了，小一号的冰箱就够用了。”现在，这样的人也为数不少。

减少厨房家电的数量，一是因为它们都需要保养，二是会形成卫生死角。“厨房里看不见水平面 = 清扫困难”这一公式需牢记。这样断舍离，简单省去几样家电，厨房就开阔了许多，也就能装饰上自己喜欢的器物与鲜花了。

**如此“空空荡荡”**

这是断舍离了煮饭器、微波炉等家电的厨房，没了卫生死角，边边角角都能清扫到。

## 空密封容器，冰箱内存放

### 容器统一尺寸，只需九个

有个时期，特百惠（Tupperware，美国塑料保鲜容器品牌）容器大流行。“我家里也有！”说这话的大有人在。去学员家里一看，竟翻腾出来几十个。还有的人家，冰箱里保鲜盒内的黄瓜都化成了黏黏糊糊的汤。

所以我在断舍离研讨会上问大家：“保鲜盒里有什么？”回答：“保鲜盒里有保鲜盒。”又问：“那保鲜盒里的保鲜盒里有什么？”回答又是：“有保鲜盒。”就这样，保鲜盒成了套娃玩具。

保鲜盒是盛食品的，可实际上盛的怎么是保鲜盒呢？收纳大量用不上的保鲜盒还需要橱架，横竖都觉得荒唐。

出于这种考虑，我将空的密封容器放在冰箱内，这样可用冰箱内的空间进行总量限制。所谓总量限制，就是对数量有所把控。我们要用密封容器时，就从冰箱里取出，用后洗净再放回冰箱，数量控制在九个为佳。建议大家将容器与容器、盖子与盖子分别重叠摆放，紧凑地存放在一处。

我还喜欢用带自封口拉链的密封容器或密封袋保存食物，它们的好处是透明。因为如果我们看不到里面的物品，往往会忘记其存在，食物就会“躲”在冰箱角落里“长眠不醒”。

另外，米也可以用自封口透明袋放入冰箱内保存。我现在每次买 2 千克米，将米袋整个放入冰箱的蔬菜室，用了一些后，再移换至自封口透明袋内。

随米量的减少，袋子也要换成小的，使外包装大小始终与内容物分量相当。

**米也放入冰箱内保存**

米也装入自封口透明袋内保存。结合米的剩余量，由大袋换成小袋，这样冰箱内会始终保持清爽整洁。

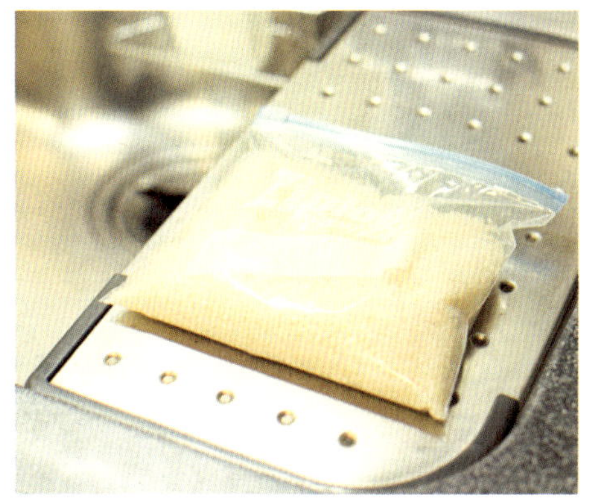

## 冰箱里这样收纳物品

### 夹子在也放冰箱里随时待命

将封袋口用的夹子预先夹在冰箱门搁架上。使用强力专用夹，较厚的袋子也能被夹紧。

### 食材在冰箱内一元管理

米、干货、调料……所有食材基本上都在冰箱里一元管理。不受温度、湿度变化的影响，对经常不在家的我极为适合。

### 按展示的感觉摆放

将调料瓶或塑料瓶摆放到门搁架上时要有展示意识。瓶与瓶之间稍稍留有间隔，每个瓶子就会拥有自己的“居所”。

无添加剂的天然酱油

古式本酿造深色酱油、日本产有机酱油

无添加汤汁

十六夜之月啤酒

## 米和大酱都置于蔬菜室内

拉开蔬菜室抽屉，里面有什么东西一目了然。食材以“不重叠收纳”为原则。还没吃的蔬菜直接放入，吃了一部分的则用透明容器保管。

## 空密封容器存放在这里

将用不着的密封容器收纳于冰箱内，容器与容器、盖子与盖子分别套起来集中一处保管。现有八个容器待命中。

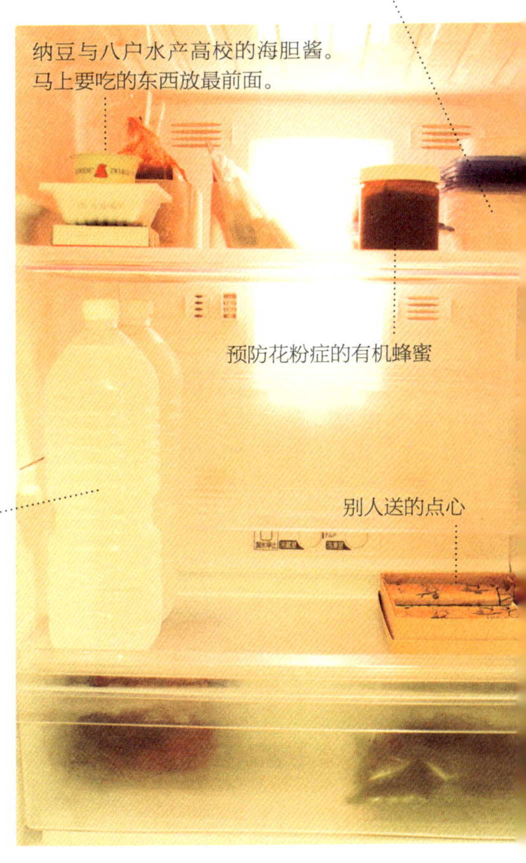

纳豆与八户水产高校的海胆酱。
马上要吃的东西放最前面。

预防花粉症的有机蜂蜜

别人送的点心

## 撕下塑料瓶上的标签

我最爱喝“德劳特沃（GEROLSTEINER，德国出口量最大的矿泉水品牌）活性苏打水”。撕下塑料瓶上的标签，说到底标签属于商家销售产品用的包装物，在集中存放物品的冰箱里只会显得杂乱。

# 食材按需购买

## 剩下的菜，切碎放进冰箱

我平日吃饭以蔬菜为主，多用冰箱里现成的菜即兴创作。我只需菜品简单、饱腹即可，但最大的问题是会剩菜。虽然我一直努力按一次能吃光的量购买蔬菜，努力用光冰箱里的食材，可今年还是出了问题……

在预感酷暑即将来临的初夏，我花一百日元买回三根黄瓜。可惜气温没预想的那么高，接连几天都没机会吃，黄瓜便在冰箱角落里静静地烂掉了。惋惜、懊恼、歉疚……绝非区区一百日元就能消除的负罪感向我袭来。

因这类错误造成的无谓支出不知有多少，而这令人费解的心情归根结底是因蔬菜为有机物而非无机物，会令人强烈地感受到生命的力量。

因此，我将平日剩余的蔬菜全部切碎冷冻保存。冷冻室内摆满了葱、茗荷、秋葵等做料理的 TOPPING（食品上的装饰配料），色彩纷呈、琳琅满目。因葱类等水分较多的佐料冷冻后容易相互粘连在一起，所以冷冻后差不多过一个小时时，我们要“唰唰”地晃动容器，这样佐料就能干干爽爽地保存，方便烹制了。

另外，不适合冷冻保存的食材就分赠给他人。每每有东西吃不完，我心里就琢磨是不是该按保质期的先后顺序与大家分享。

不在冰箱里塞满吃的心里就不踏实的人似乎也不在少数，尤其是我的父母辈，经历过战时、战后粮食紧缺的那代人，可能没办法改变了。但越是这样我越想说，冰箱里塞成那样，会对已有的东西视而不见，造成重复购买，最终因吃不完而使食物营养散失，甚至腐烂变质。

所以，食材用光后，冰箱空空荡荡的爽快劲儿一定要请你感受感受！

**蔬菜切碎放进冰箱**

剩余的蔬菜切成小块放入冷冻室。上排左起为:辣椒、葱，下排左起是茗荷、秋葵，都极适合做菜品的主角、配角与装饰材料。

# 餐具垫做编导

## 在海外突发奇想买下的餐具垫纸

美食，编导才是王道！这是我的格言。如何盛盘、怎样上桌，这都需要编导。

美食，也是场视觉盛筵。就算再高级的蟹肉，盛在纸盘上吃，也难免味同嚼蜡。

与盛放料理的餐具协同编导美食盛宴的还有餐具垫。餐具并不直接摆放上桌，加入餐具垫这样一个缓冲，料理的档次会立马提升。我家有纸质餐具垫和金属色调的防水餐具垫两种。

纸质餐具垫购于美国西雅图的家居中心，是可一张张揭下来使用的图画纸样式的，在日本不太能见到这种款式。不过，街上复合品牌时尚店里常会进货，有机会我就会去买。这种四十张装的餐具垫大约两千日元。

金属色调的餐具垫由 NITORI（日本最大的家居连锁店）出产，一张三百日元，样式设计及使用感觉都无可挑剔。换作青山一带的室内装饰店，类似的餐具垫一张要卖三千日元。在 NITORI 买小物件或织物就是划算。

我以前也用过餐具布垫，但总是担心布料会被沾污，污渍不易洗。并且，亚洲风情的布料水洗会褪色，反复使用还有异味，不适合家庭餐桌使用。

相反，金属色调的餐具垫上撒落点儿饭渣也能轻松擦去，洗刷也方便。简约素淡的餐具垫俨然一幅画布，可将任何一件餐具或菜品凸显得淋漓尽致。

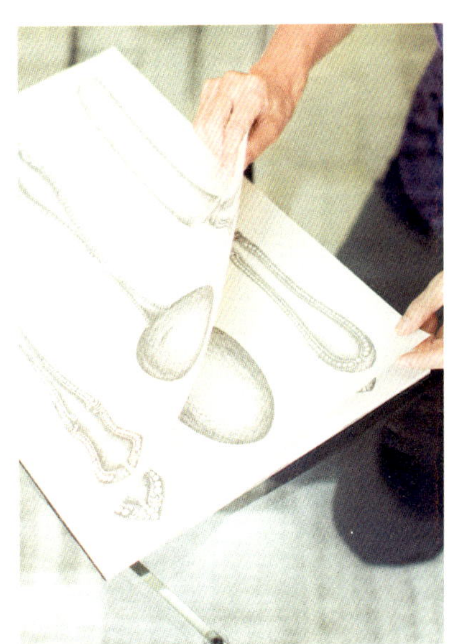

**尽享餐具垫**

在美国西雅图买的餐具垫纸，是宽宽绰绰的美式尺寸。逼真的图案与极简的西式餐具搭配再好不过。

## 一盘一饭，妙趣横生

### 一个人用餐，更要完美编导

编导美食盛宴，不仅限于招待宾客之际。越是单身，越要有意识地在平时的饭菜上款待自己。

一个人过日子，一日三餐往往容易马虎敷衍，或将就着买来的食物的包装盒狼吞虎咽，或因时间匆忙胡乱吃两口了事。这简直像喂食动物一般，不能算作吃饭，长此以往只会使精神更加空虚，所以我要用称心的餐具盛饭，要支上筷架，要摆好酒杯……单身更要用心编导，吃好每一顿饭。

这时，大显身手的是托盘。我会在厨房里将一人份的饭菜摆放到托盘上，连盘带碗直接端上餐桌。完完整整的一顿饭一旦摆在面前，自然会使人挺直脊背，萌生一口一口仔细品味的冲动。吃完后整盘端回厨房，连收拾都轻松了不少。

一位在孩子独立后开始单身生活的学员这样告诉我：“以前从没真正做过自己爱吃的东西。迎合着丈夫的好恶、孩子的口味做了几十年饭，现在终于可以为自己做点儿什么了，感觉真心欢喜。”单身生活中用心地、开心地做饭，时不时请朋友们来看看，就是这么自在！喝酒时也同样。也有人说“一个人喝酒太冷清”，所以，使我们感觉冷清孤单的酒绝对不要喝。

比如，我爱喝啤酒，且觉得喝瓶装啤酒比易拉罐更有型。

另外，喝红酒时，我会先把酒注入玻璃醒酒器再倒进酒杯，醒酒器在家庭聚会上甚至会成为一道风景。顺便提一句，我是日本酒的吟酿派，说起大吟酿（日本酒的种类之一），它跟葡萄酒一样果香怡人、味美适口。

**手冲咖啡**

断舍离咖啡机，慢慢享用手冲咖啡。以能登半岛的二三味咖啡为代表，我常买来各地咖啡豆细细品味。

# TOPPING 妙用

## 宴客料理也能短时间做成

前文说过，编导才是美食的王道，而 TOPPING（浇汁、配料）是我的终极编导法。饭菜以 TOPPING 取巧、以 TOPPING 装饰，请尊称我为“TOPPING 女王”！

将芝麻、紫菜、小杂鱼等干货类的 TOPPING 装入小瓶放进冰箱保存。做菜时，只需略略打量这些小瓶就能拿定主意该做哪道菜了。另外，将茗荷、生姜、绿紫苏等佐料也存入冰箱，或将剩余的蔬菜切碎置于冷冻室保管。有日本香草之称的这些佐料不仅对食材有解毒除异味功能，还可促进消化吸收。

在此介绍一下昨天烹制的 TOPPING 料理。虽说美其名曰“西红柿风味炖豆腐”，其实用的就是碰巧剩在冰箱里的食材，以家庭聚会时没用完的油炸豆腐块为主角。

1. 将煎炸过的豆腐块与切成装饰形状的西红柿用加入汤汁的酱油清清淡淡地炖 15 分钟左右。

2. 将三块煮透的豆腐盛放在盘中，其周边摆放西红柿。

3. 将切碎的葱与茗荷满满地 TOPPING 在豆腐上。

西红柿煮过会出汁液，味道鲜美。秋葵或干鲣鱼做 TOPPING

也不错。把这些料理放到荞麦面上，做成荞麦沙拉吃起来有滋有味，其本身就成了 TOPPING。

有客人来时，可将 TOPPING 料理盛在大盘里端出，这与小菜、小盘的怀石料理风格截然不同。将大盘咣当、咣当、咣当地端上桌：“请随意！”要的就是这股劲儿！“您的胃口您有数，挑您爱吃的吃！”桌上料理的摆放也包含了这种心情。

在这类宴客餐上，德国产的长方形大白盘或在冲绳壶屋陶瓷街买的陶制大盘就会大放异彩。

**聚会上大放异彩的白盘**

德国陶瓷工厂 Villeroy & Boch 生产的三种尺寸的盘子。鉴于它们只在聚会时用得到，可将其重叠收纳于柜中。

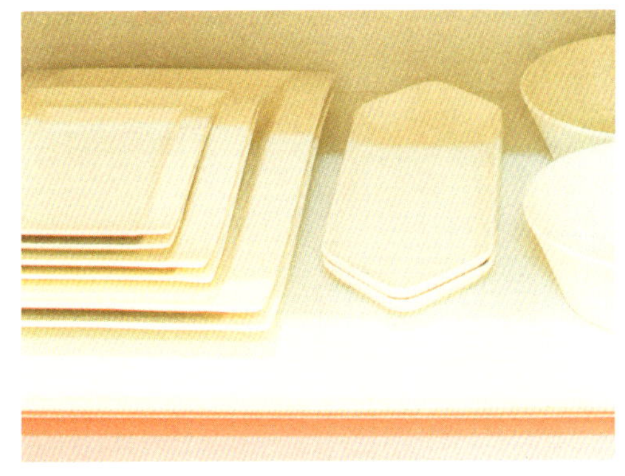

# 厨房一角装饰上最喜爱的器物

## 因妙不可言之缘收获的冲绳陶瓷器

那霸市内，有一条距游客熙熙攘攘的国际大道不远的壶屋陶瓷街。在这里，经营号称有三百年传统的瓷壶陶器的店铺连成一片。街面一角，我被店头威严、摄人心魄的西撒墨笔画吸引，迈进一家店铺，意外与女店主意气相投，由此得到一件意想不到的器物。

那件一见倾心的陶器不是卖品，而是店主自用的。我指着那件东西表达了喜爱之情后，店主很爽快地答应："器物能去珍爱自己的人身边是种幸福。"

其实，这件东西是四十年前一位艺术家寄存在此委托店主管理的。大概因它有点儿瑕疵难登大雅之堂，就一直被放在店内角落，不知不觉中成了店主的私人物品。

拭去灰尘，呈现在我面前的，竟是被誉为"壶屋三人众"的已故著名陶工小桥川永昌"仁王"之作！本就是非卖品，可若硬要买的话，单凭这个名字肯定就会令其身价剧增，可这位气质优雅的女店主竟以难以置信的低价痛快地出了手。尽管我极力倡导"厨房水平面上一柄壶"，但这器物一定要与烧水壶放在一起，细细观赏才行。

平常我将它放置在厨房一角，盛放点心或时令瓜果。宴请宾客时，则大大方方地端上餐桌。

日餐、西餐、中餐，无论哪种料理都与其相映生辉，它绝对是个值得信赖的“好帮手”。

**缺陷的魅力**

稍微有点儿缺陷的器物往往更吸引人的眼球，九谷烧是这样，壶屋烧也是这样。这温馨的感觉正合我意。

# 第3章 『衣』空间

# 让衣帽间“新陈代谢”起来

## 用衣架数控制衣装总量

衣装与食物相同，“应季”的东西最好吃，而且富含营养与能量。衣装就像生鱼片，新鲜才好，因此衣帽间必须是保持衣物不停循环的空间。

我家卧室里有个步入式衣帽间，内设“コ”字形衣架吊梁。面对衣帽间，左侧是“交感神经用”服装，右侧是“副交感神经用”服装。

所谓“交感神经用”服装，是指能充分展现个人形象的服装，同时也是刺激交感神经、提升精神状态的服装。这边的服装主要是职业装。而“副交感神经用”服装，则指使自己心情平和、轻松愉快的衣装。便装、家居装、寝装在这一侧。

衣帽间正中间吊梁基本上是空的，用来挂前一天准备好的衣服。一定要将卸下衣装后的空衣架挂到中间这个位置来。另外，中间吊梁上的空衣架还有对着装总量限制的功能。我定的标准是，一个衣架空了，即意味着“可以再买一件”。衣架数透露出衣帽间的余裕程度。

同时，衣架也要最漂亮的。说起以前洗衣店的铁丝衣架，真让人难以忍受，好在最近结实的黑色衣架已成主流。

对于衣帽间里的服装数量，我建议储备交感神经用服装六套、副交感神经用服装六套加寝装一套，由此制订不超出这个数目的穿着周期即可。大多数衣装的穿着周期都是1～2个月，虽然其中不乏穿了几年的连衣裙，衣帽间还是能随时更新的。

没兴趣再穿的衣服，要果断放手。一旦确定赠送人选，要毫不犹豫地请人家收下，这样才能有空间添置新衣。

也许有人会问：“那么多衣装不断淘汰不心疼？”不心疼，我们心疼的是与衣装纠结的时间，管理、收纳它们的空间，还有耗费的精力，但对衣物绝不心疼。说到底，衣服的新鲜度才最重要。

## 卧室衣帽间呈“コ”形

将衣帽间内的衣物全部挂在衣架上收纳，衣物洗后用衣架晾干，这样几乎没有取下衣架、折叠、收纳等动作。

### T 恤衫也用衣架收纳

衣帽间右手吊梁是便装及寝装区域。正因为这里放的是洗涤次数多的衣物，才将其挂上衣架，用浴室干燥机烘干后直接移进衣帽间。这是不费工夫的管理法。

收纳筐①

**袜子、紧身裤收纳筐**

这是收纳袜子、紧身裤、长筒袜用的收纳筐。因为没盖子，什么东西有多少一目了然。

收纳筐②

**内衣收纳筐放于中间**

面对衣帽间由左至右，依次是内衣收纳筐，袜子、紧身裤收纳筐，包袱布收纳筐。

收纳筐③

**盛包袱布的收纳筐在最里面**

我现在有三块包袱布。都用布边折入布之间的“自立式”叠法收纳。

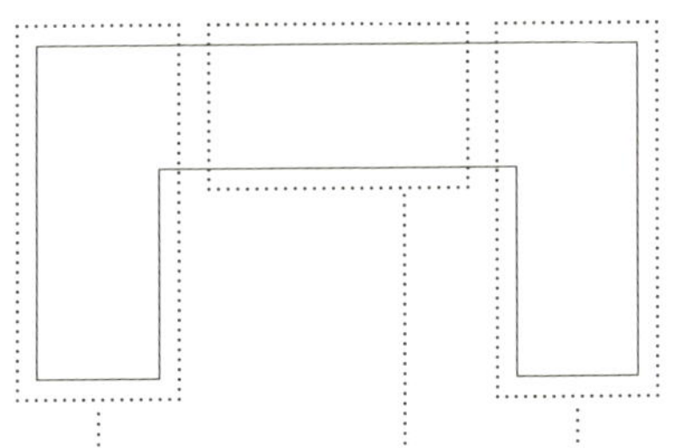

## 职业装上下配套清楚明了

衣帽间左手吊梁挂职业装、上下套装、夹克、连衣裙等，要穿的衣物用衣架挂起确保一触即得。

## 中间的吊梁上是明天要穿的衣服

中央吊梁处平日完全空闲，只挂第二天要穿的衣物。上层放置非当季用被褥，不使用被褥袋或压缩袋，就放在能看到的地方。

# 穿高品质内衣

## 让棉质内衣 100% 毕业吧！

如果我说我身上穿着五千日元一条的内裤，大家会很吃惊吧？以前我的老习惯是穿一包三条的棉质内裤，因为那时认定“内衣全棉，身体健康”。直到有一天被一位先生提醒“请买高级内衣”，我才有所转变。

这位先生就是身体研究专家三枝龙生先生，其著作《最后剩下的只有身体》中有这样一段论述：“窗帘、内裤策略：更换他人看不到的东西，能感到潜意识上的觉醒，大大增加出现奇迹的可能，理论上不可思议的、不可能发生的事发生的概率将会大大提高。”

这种想法的确是断舍离式的，我完全赞同。将不被他人所见的地方处理得清清爽爽，潜意识也会清爽起来。我从素日生活中感受到这些，也在不断切身实践。忙不迭地收拾衣帽间和壁橱、兴冲冲地洗刷排水沟的我，为什么不把目光转向内衣呢？

“不需健康一边倒，满身情趣才更好！”如梦方醒的我以战斗模式冲向商场，抓到手的既不是棉也不是绸，而是纤维内衣。将一件衬裙、两条三角内裤、一个胸罩配成一套，买了三套，总金额十万日元。“这么贵！”我当时惊得双腿发软，却毫不犹豫地买下了！

从买下来这些内衣到现在的三年间，我已经可以断言，这些衣物绝对物有所值，即使每天都洗也不见丝毫损坏，这一点着实令人惊叹。相反，廉价内衣肯定早就破破烂烂了，购买频率也会大幅提高。当然，请店员帮忙精挑细选，穿着的舒适感也会大不一样。

现在，我每天穿着不为人知的高级内衣，就像持有天大的秘密，心情好得不得了！

**内衣只有这些**

持有的内衣总量：三角内裤六条、胸罩三件、衬裙三件。正因为是不示人的部分，才要选值得留恋的高品质。

## 长筒袜用无盖收纳筐保管

还能穿？不，不要再穿了

现在，我的衣帽间里有长筒袜六双、紧身裤三条、袜子三双。“三”这个数字很有讲究：阴阳学认为，偶数为阴，奇数为阳；更有“道生一，一生二，二生三，三生万物”之说。我便采用这些观点，事事都定以“三”的倍数。

有时我去学员家里，常常发现抽屉最里面塞满大量长筒袜或紧身裤。穿得很旧已经起球的紧身裤以后不会再穿了吧？这类物品应在断舍离的“用·不用”的第一阶段就毫不犹豫地舍弃。

那么，只上了一次身的流行彩色紧身裤或多少有点儿皱皱巴巴却还没开线的长筒袜呢？这些衣物，只是有可能穿，所以舍不得扔，但事实上不会再有兴趣主动穿了。这些东西，即断舍离第二阶段，要凭感觉判断的“想用·不想用”。长筒袜在便利店也能轻松购得，因此“扔掉真可惜”这样的失败感不会太强烈，最适合用于断舍离训练。

我将这些紧身裤袜类都放在无盖收纳筐里。因为无盖，所以会“方便取出、方便收纳”；有盖的话，将紧身裤塞进去盖上盖就再也看不见了。一旦看不见，就会忘记其存在，难免又买新的，数量会不断增加。

我还常用无盖收纳筐对衣物进行总量限制，衣物仅持有收纳筐放得下的数量，绝不塞得紧紧的，确保衣物放在其中足够宽裕。

我坚持扔掉旧的再买新的，这是收纳即保养的理论。东西少了，管理、收纳就不再伤脑筋。

**用无盖收纳筐进行总量限制**

用这类收纳筐来限制数量，“俯瞰”至关重要。即使空间还有余裕，也绝不将其塞满。

## 旅途中的全能帮手，包袱布的魅力

### 大的一块，小的两块

包裹物品内敛不露，如笑不露齿般优雅娴静，这就是日本的传统。日本有个包裹文化，即包礼物时，要是能唰地一下抖出一块包袱布，那便成了国粹。包袱布与日式餐具同样，变幻自在、用途无限。包裹容量也可灵活自选，而最叫绝的要数其图案之美。折叠齐整掖进提包不会增大体积，包裹好物品挎上手臂又自成风景。

我家有三块包袱布。多是在旅途中邂逅的，也有在羽田机场等待搭机时购得的宝贝。

其中最大的一块，红底上镶嵌着兔子图案，是我一直念叨“想要兔子图案”时，在一家绸缎店偶遇的。它布料厚重结实，尺码相当大，主要包裹和服时使用，一年里也就能“出场”几次。

另两块极适合旅行时用。大的包裹要换洗的外衣，小的包裹内衣或细软。其优点就是避免携带的物品在旅行箱里散乱无度或暴露在外。

说到包袱布的包法，不要抓着对角线的一端与另一端紧紧系起，而要像包装纸那样有棱有角地折好。贴合着旅行箱的尺寸，叠得四四方方刚好能放进去最合适。包袱在旅行箱里一亮相，有时会立即引起周围“哇”的一片惊呼。

虽说包袱布是经久耐用的好东西，而我旅行用的两块已开始渐渐变得松松垮垮，是时候添块新的了。我非常向往很自然地将包袱布用于寻常时刻的生活。

**最爱用的三块包袱布**

大的 125 平方厘米，小的 88 平方厘米，但也算是大尺码。正因为大，才有多种多样的用途。我使用包袱布自成一派，独享其乐！

## 不持有特殊日子所需衣装

### 服装租赁店里合体服饰琳琅满目

红白喜事突如其来，我不持有这类场合所需着装。

比如说，宴会礼服。说到底，宴会只不过是个瞬间的活动。如果每次宴会都要配置新衣的话，那要花的钱可没数了。虽说这样，若你老是穿着同一件礼服赴会，也就沦落成“千面宴会一套装”的人了。

于是，我通常借宴会礼服穿。尺寸恰好合适的，就毫不客气地与能借能还的朋友互借分享；不太愿意向人借的，从精品出租屋租赁也不失为一个办法。

葬礼着装也同样，平日里我不准备作丧服的衣服。有时我会跟随不断变化的时尚潮流选择黑色套装，平常就能穿，紧急关头则充当丧服使用。虽说还有穿和服这一招，但对不期而至的葬礼，穿和服需要准备的太多，难度太大。另外，丧服租着穿也没问题。

我不太倾向出席葬礼，自家葬礼则另当别论，因为葬礼这种场合实在不讨人喜欢，比如没来往的某某的母亲大人的葬礼等。当然我这样并非没有悼念死者的意思，只是认为越是与死者生前没有深交的人越不该出席葬礼。而在真正重要人物的葬礼上，我们也不便穿着丧服啰啰嗦嗦地说个没完。

尽管我如此这般对红白喜事着装（也包括红白喜事本身）发布了断舍离宣言，却对节庆日穿的和服特别喜爱。虽说和服也可以租赁，不过，可能的话还是要拥有一套。

日本人与和服确实般配，和服能让日本女性感受到生为日本女性的喜悦。矮个子的人穿长裙难出效果，而穿上和服则呈现出极雅致的风情。

和服的好处就是年纪越大穿着越耐看。艳丽的和服配上相对质朴的腰带可使其不太张扬，素净的和服由腰带衬托又能变得异常华美。虽然我在大约十年前才开始学习茶道，但常常欢天喜地穿着和服去参加茶会。最早我对和服完全不懂，还试穿了些便宜货，现在则精挑细选，拥有包括夏装在内共五套和服。

# 职业装一月一套

## 常葆新鲜，总计六套

职业装要给人件数虽少，却不重样的印象。眼下，我衣帽间里的职业装共有六套，连衣裙与夹克衫或套装是主打款式。这些衣物以每年淘汰三套、购入三套为穿着周期。同一套衣装大约使用两个月。前些日子，我有套衣服反复上身，一直穿到不能再穿，才道声“谢谢”后毫无牵挂地放手淘汰。

着装是一种能量，也就是说，穿在身上的是一种“气质”。与当前这一瞬间相融合的“气质”一定存在，需要我们不断发现。

而“气质”也五花八门、各种各样，有季节的“季”、表现时代潮流与趋势的“机”或者更富情感色彩的“喜”“辉”“奇”等等。只有能感受到强烈“气质”的着装对自己来说才是应季装。去年的衣装看起来松松垮垮皱皱巴巴，固然有水洗褪色等原因，但说到底还是因为丧失了“气质”。

另外，色彩也拥有“气质”。就我个人而言，工作中喜欢穿橙色系或黄色系，即所谓的维生素色。色彩心理学也认为维生素色能使人感到太阳般的明亮、开朗。同时，借助色彩的力量提高精神状态也切实可行。

职业装的购买频率是每月一次。我一个月剪一次发，顺便去一趟在青山的服装店。对购物心思不专的我，最近却一直去一家经营法国进口裙装与套装的店铺。以合理的价格买下一件多彩款式的衣服，听着熟识的店员给出的建议，真是开心愉快的购物体验。

我常常被误认为：“山下女士奉行禁欲主义，对购物不感兴趣吧？”不是的，其实我特别喜欢购物。老实说，在店里买下来，回到家里却发现极不合适的失败经历我也有不少。

失败与购物如影随形。

我们不必对“不该买却买了”怀有超出必要限度的内疚感，可尽情享受购物乐趣。

## 越是便装越要讲究

不断向“成为这样的我”冒险

我也有胸口开得很低、有点儿性感的衣服，还有透视感强烈的白色棉质蕾丝衣服……正因为是便装，才要冒冒险！便装并非穿旧的正装，而是精挑细选出的能使自己彻底平和下来的着装，我喜欢挑战一下娇艳、妩媚、凸显女性身材的“熟女”装束。

我以前选衣服可是雷打不动的黑白两色。衣橱里全是西装，在家也满不在乎地穿着运动套装，实在与“熟女”形象相去甚远。

我开始着亮色、穿裙装是在五十岁以后。

这一令人惊诧的转型，大概是在因断舍离不断于公众面前抛头露面之后，被某档电视节目称为评论家之时才有的。开始我还照老样子穿出去，结果被周边的时尚氛围完全淹没。“上电视得这么光鲜！”此时此刻我才深切认识到，在人前亮相应选择能让人留下强烈印象的着装。

总的来说，我不太喜欢引人注目。对待成名成家，我的意识上往往偏消极。不过现在，我已完全转变成要好好享受“此刻”的态度。与此同时，我的服装也改变为适合“此刻”的风格。我意识到我终究需要一个明快的形象。亮丽的衣装一上身，马上引来周围人的好评，于是我更来了劲儿，越发艳丽起来。

您知道乔哈里视窗（JOHARI WINDOW）里的话吗？就是“自己知道、他人也知道的自我”，“他人知道、自己却不知道的自我”，“他人不知道、但自己知道的自我”和“自己不知道、他人也不知道的自我”四个视窗。

曾经的我，是“自己知道、他人也知道的自我”。随着生活方式改变，接触的人也丰富多样起来，“自己还没意识到，我竟是这个样子”的时候也日渐增多，“合适・不合适”只不过是一种单纯的认知罢了。

话说回来，虽然刚才写到“以前满不在乎地穿着运动套装”，其实我对喜欢穿运动装或旧衣裳的人还是很尊敬的。能够享受旧装才是高水准。敢于挑战旧装，敢于将旧装穿出新境界，也许会成为另一场冒险。

# 睡觉穿白色棉质罩衫

## 专属自我、专属熟女的编导

“睡觉时身上只有几滴香奈儿5号(Chanel No.5，著名香水)。”我虽不像玛丽莲·梦露说得这么夸张，但身为成熟女性，睡眠时的确应当雅而不华。这是因为睡梦中意识全无，衣着几乎就等同于自身的肌肤。那么，穿什么才能睡出真实的自我呢？

我睡觉不穿睡衣。准确地说，我不买被当作睡衣出售的衣物。睡衣这叫法实在太孩子气，实际上，设计方面也算不上适合成熟女性吧！另外，睡袍我也不喜欢。说到我的寝装（其实寝装这个词也不够雅致），就是舒适雅致的衣装，也可称为“享受睡眠的休闲服”。

我睡觉时穿宽宽松松的棉质或丝绸蕾丝面料的白色长罩衫，夏季无袖，冬季长袖。宽松的上衣下面配休闲裤或内裤。上下为一套，共计三套。因每天都要洗，数量不需要太多。

我喜欢白色棉质蕾丝也是受了已故姐姐的影响。她喜欢白衣衫，总是穿着100%棉或绸质的漂亮罩衫。姐姐本来就是个品位高雅、懂得时尚的人，有了收入后，她孩童时期所有的梦想便绽放开来，买下了大量自己喜爱的衣物。因婚后住在德国，比日本便宜的购物环境让她更是如鱼得水。姐姐五十二岁离世，留下很多罩衫。我曾把她的罩衫剪切开，拼接成挂毯装饰在墙上，现在又改做成加垫衣架，请苏格兰短裙艺术家川之上佐代子女士缝制。虽说与姐姐算不上亲密无间，但因有这些东西在身边，就像是生出了某种牵绊。穿白色棉质蕾丝罩衫，也算是在向姐姐表达敬意。

**一件称心的罩衫**

说句只属于这里的悄悄话：我在睡觉时实践着“无底裤健康法”，将被内裤紧箍着的身体彻底解放出来，全方位地切换至副交感神经模式。

# 一个冬季两款外套

## 一件基本款，一件情趣款

整整一冬，就两件长外套伴我而行，它们是简约的基本款和设计时髦的情趣款。

基本款外套原则上是黑色的正统样式。现在手里的麦丝玛拉（MaxMara，意大利服装品牌）外套，本来极其昂贵，结果被 我在网店上以惊人的低价买下。网上购衣不能试穿是个难题，好在这次运气好，衣服非常合体。这冒险真值。

基本款外套从买下到淘汰的周期是 2 ~ 3 年。因最近连续穿黑色，下次我想挑战白色。另外在这基本款外套上配一条彩色围巾会更好。有的人手里围巾多得让人怀疑“到底有多少脖子”，而我只有两条围巾，通常选山羊绒等触感舒适的质地。

我还有一件时髦情趣款外套，是设计上稍有变化的样式，其亮点是穿上后极具趣味性。外套的防寒性固然重要，但在这之上“+ α”（加阿尔法，指在原有基准之上，再增加数量或提高档次）的款式更令人期待。

我还有件羽绒夹克。羽绒往往会跟轻便画上等号，但其实这件羽绒外套也相当雅致。一见到它，我立刻被其毛茸茸的连帽外翻领上点缀着的可爱装饰吸引。将其简简单单往身上一披，一冬的心情瞬时欢畅起来。

情趣款外套的淘汰周期比基本款稍短，为 1 ~ 2 年。我一般在比快速时尚店高档但并非高级的店铺选购，最近常去的是位于全日空大酒店的 ABISTE（日本珠宝、手表、配饰品牌，在日本全国高级酒店内设有 150 个直营店）。有人一听是酒店里的店面，以为会贵得离谱，实际上价格出人意料地公道。加之我又瞄准了促销期，五万日元的外套大约半价就能买到。

我的冬日着装几乎不变，无袖上装再披一件外套，冷了加、热了减。外套下面不管穿什么，都配长袜子、长靴、围巾来锁定冬日风情。

无论去哪儿，在冷风暖气都很完备的今天，已无需按季节全身换装了。日本人的这一换装习惯渐渐消亡，不由令人生出无限感伤。

# 第4章 『寝』空间

## 诱发惬意睡眠的物品

### 卧室的第一要素，安全与安心

卧室是保障连续睡眠的空间。因为日本是地震大国，卧室以无落物危险最要紧，床铺周边也应杜绝杂物。大家绝不想在柜子会倒下、书本会坍塌的地方入睡。墙上即便挂画，也要与床铺之间留出间隔。确保安心睡眠的空间是必要条件。

还有一点至关重要的是要与浪漫共眠。睡眠包括入睡、睡着和醒来后的时间。充满异国情调或浪漫色彩的物品会引我进入惬意的睡眠世界。

第一件有这浪漫之感的是窗边角落里的麒麟摆设，购于南非，目光温和的两只麒麟在相亲相爱的氛围中相携相依。

另一件是床头一尊非公开的佛像。我爱上这件摆设的起因是迷上了在不丹国立美术馆邂逅的丰胸翘臀的漆黑女神，便问工作人员："这在哪里能买到？"回答是："哪里都没卖的，但可以定做呢！"于是我马上请人制作，便成就了这本该漆黑却色彩绚丽、光彩夺目的雕像。

我的卧室墙上还有一幅在秘鲁街头买的风景画。

若问我为何到游客不怎么涉足的不丹与秘鲁腹地旅行，答案是应人之邀，不知怎的就抬腿去了。我也曾想过“不会来第二次了吧”，之后却再度前去。也许正因为不是大众的地方，才会更让人感受到别样的浪漫情怀。

**感受浪漫的画作**

在秘鲁街头偶然看见的风景画。装饰在卧室里的，是使心情平和的“副交感神经式”的画，与客厅的“交感神经式”的画正相反。

# 带腿家具，清扫方便

## 即便仔细清扫，还会扫出灰尘

我家的家具都带腿。床也一样，我不用床下带有收纳抽屉的那种样式。其实以前我也买过那种床，可一想到自己睡在存于抽屉内的垃圾上，就不由得透不过气来。带腿的家具，不会阻塞与地板间的空隙，便于气流循环。

我现在用的是石川县生活艺术工房的折叠床。它选用敦实的核桃木无垢材质，与床配套的橱柜及书房的桌子、橱架等都接受定做。

带腿家具的最大优点就是清扫方便。可即便每天清扫，卧室里还会有灰尘堆积。虽然仅散放着极少数的家具和物品，灰尘仍多得令人难以置信。所以可想而知东西多得外溢的住宅里会堆积多少灰尘。

本来不爱打扫卫生的我，忙不迭地开始“扫清、拭净、擦亮”是在致力于断舍离之后。物品减少，此前藏于物品阴影下的灰尘便一览无余，比什么都显眼。

现在我家的清扫工作由扫地机器人伦巴君担当，它可以自由地四处转动，保持地板的清洁。然后我再将地板拭净擦亮，地面便光亮如镜。每每回味一下这爽快的心情，清扫工作也就变得更有乐趣了。

还有一个让清扫变得欲罢不能的原因，就是清扫或保养行为使清扫保养工具得到有效利用，使这种行为的主体——人，也活跃起来。

每次减掉一件物品，心情就更轻松，麻烦的清扫工作也变得更有趣了。于是，我们当然会比以前更喜欢我们的家了。

**具有整体感的工作桌周边**

书房里的桌椅、左边的电视柜跟床一样，也是在生活艺术工房定做的。

**并非仅强调功能的橱架**

书房里的橱架也同样是定做的。样式或用途虽各有不同，家具的统一感却不言自明。

## 连面巾纸都收纳的橱柜

以安全、安心为宗旨的床铺周边，

姑且设定空无一物为首选。

小小面巾纸可以放在外面，我们往往会这样想，

但是一旦放下第一件物品就会想放第二件。

**与床等高的橱柜**

将卧室的家具统一为较低的高度。橱柜上面仅放一件诱发睡前惬意心情的摆设。

旅行时携带的装珠宝饰品的小袋

**珠宝般的手表**

手表是不能马虎对待的物件。1 ~ 2万日元的手表每年我都会买，约一年时间后将其淘汰。夏天白色，冬天深色，哪怕只换换表带也不失为一桩乐事。

**面巾纸也收纳在抽屉里**

使用频率高的面巾纸也不放在外面，而是置于从床上可伸手拿到的抽屉里。

在秘鲁遗迹博物馆买的酒器

香

只剩下一只的耳环放在这里

**身边零碎物品存放于此**

放面巾纸的抽屉旁边的抽屉里，放置挖耳勺、棉棒、指甲刀、小包面巾纸等物品。

**首饰独占一个抽屉**

橱柜的左上抽屉是我的珠宝匣。泰国语报纸被用作吸潮纸守护着抽屉中的宝贝。

# 与首饰长久相伴

## 不要珠宝匣，直接存于抽屉内

我没有珠宝匣这类夸张的物件。单独的一个橱柜抽屉，是我家首饰的安身之所。

抽屉最适合俯瞰。俯瞰之下，常用物品、根本用不上的物品会一目了然，让人进一步断舍离的欲望会更加高涨。于是，首饰数量也自然得到精简。

抽屉中，首饰各自拥有充足的空间“安身”。与其说是保管，莫如说像在展示。一件一件摆放，使用时舒舒坦坦、从从容容。项链的链子纠缠在一起，急用时拽不出来这类事从未发生。托“俯瞰即展示”的福，这样的收纳方便了许多。

这个抽屉里，铺着兼作除湿与展示的泰语报纸，这是我去泰国旅行时，飞机上提供的报纸。用日本报纸生活气息太浓，英文报纸也略显老套。泰语或阿拉伯语报纸，看不懂更有意思，使抽屉里由此遍布异国风情。

首饰中我最爱耳环，对其他首饰没什么大兴趣，充其量戴与耳环搭配的项链。像这样的耳环、项链我有三套，最喜欢可与富于朝气的职业装搭配的简单样式。于是，在不知不觉中，佩戴在身上的首饰全是相同样式，偶尔也会用珍珠替换一下。我基本不戴戒指、手链，要给手指、手臂完全的自由。

前文写到，着装以一个月为周期不断循环淘汰，而首饰则恰恰相反。不到损坏、厌倦、丢失， 我都会一直佩戴下去，与其数年、数十年长久相伴。

**铺上漂亮的餐具垫**

最易缠绕在一起的项链可这样收纳。吸潮报纸上铺一张餐具垫，更能使每件首饰都熠熠生辉。

## 床单三天一洗

### 被褥更新，三年一次最为理想

被褥里每天都会积存下体垢、汗液、扁虱及灰尘。睡眠时，我们的身体与被褥亲密接触宛如一体，因此每每更换被褥，都会像淋浴后般神清气爽。

床单要按三天一次的频率换洗，淘汰更新周期为半年一次。铺的褥子、盖的被子使用跨度较长，三年更换一次最为理想。

我现在铺的床单有两条。一条是白色蕾丝面料，很讨人喜爱；另一条也是白色，相对典雅。对于不同情调的两条床单，我经常轮换使用，当季用完后，道声“谢谢”即刻“分手”。在这样的周期下，床单、被套、枕套我都不买太贵的，单人床单在NITORI用大约不到一千日元即可买到。

前文提及的身体研究专家三枝龙生先生指出：“搬家、改行、离婚等属‘易地疗法’，即转换环境，是治疗疾病的秘诀。”更换被褥亦可代替搬家成为“易地疗法”之一，只换换被褥就能使人的精神面貌焕然一新。如果你觉得更换被褥太麻烦的话，只换洗床单也可以。这种感觉我也曾深有体会，听了先生的话，更意识到了这一点。

另外，我不持有访客用被褥。被褥既占用收纳空间，管理上又费工夫。就算临时应急，由于太潮湿也不能直接使用。听说过乡下的大户人家能从天花板顶上拖下三十套被褥，说他们屈尊生活在被褥之下也不为过。现在我家也没有访客投宿了，就算有，租来被褥用用就不错。

**永葆清洁的床铺**

三天换洗一次，半年更新一次的床单、罩套类，我喜欢用品质优良价格适中的 NITORI 产品。

# 第5章『住』空间

# 客厅里不摆放沙发

## 这类大型家具不适合日本人的生活

坐镇客厅的沙发，放在狭窄的日本家居中，不仅不实用，还碍事！沙发本来应放置在宽敞空间里才能凸显其价值。要体现沙发的特质，必须有个相当大的空间。如果您家有个像酒店大堂那样的客厅，就请便。而且，沙发也不是紧贴着墙壁放置的家具，很多人会使用错误。

日本人还不太会灵活地使用这历史尚短的舶来品。很多人会从沙发上滑下来，坐到地板上，将沙发当靠背用。还有人在沙发上扔着晒干收回的衣物、杂志或刚刚脱下随手一扔的衣服，很不美观。

我曾见过这样的家居：客厅与餐厅连成一体，其间设置了一个榻榻米区（日式家居在客厅或餐厅通常会设置一块铺设榻榻米的区域，可坐可卧，一般只比地板稍高出一点儿），约四块半榻榻米大小（一块榻榻米的面积大约为 1.62 平方米），其余空间都被“L”型的沙发占满了。

我虽是早晨十点多才登门的，可客厅窗上的黑色百叶窗仍闭合着。因房间里太暗，我就问“为什么不拉开”，回答是“拉开百叶窗必须跨过沙发”。

## 没有沙发的客厅

一搬家就想买沙发（我也曾这样过），别急！没有沙发的房间里，感觉真是宽大敞亮。随手摆几把椅子，便成了艺术品。

听后，我赶紧跨过沙发拉开百叶窗，房间变得亮堂起来。映入眼帘的是窗边一株枯萎了的巨大赏叶植物，有一人多高。便问：“什么时候开始枯的？”答：“像是五年前。”

在榻榻米区，有架与这处空间极不相称的钢琴。如果客厅里没有沙发，钢琴摆在客厅正好。本来榻榻米区就是个可坐可卧的地方，为何要紧挨着这里再摆个沙发？沙发倒是高档皮革材质的，却已磨得又破又旧，上面还扔着洗后的衣物。

女主人的儿子住在二楼，屋子里乱成了一锅粥，却仍不肯搬到一楼来。这远比家具与空间的不和谐更不幸——就算说是这沙发将其人生搞乱也不为过。

所以我想，这个家庭发生了什么不幸？经询问得知，原来，丈夫二十年前出走，与妻子离了婚。房间至今还是二十年前的样子，房间亮堂起来就会让人看清现实，所以女主人尽可能不去面对，不做改变。

# 窗边放置酒店里那样的桌子和椅子

## 房间里美得看得到水平面

我家客厅与餐厅的中间，放着一张矮桌，没有椅子。铺着小地毯的地板上放几块靠垫，人可直接席地而坐。客人们也都无拘无束，其中还有一不小心咕噜一声翻身倒下的“高手”。这才是日本人喜爱的生活方式。

出于这一考虑，现在我家既不设餐桌（准确地说，餐桌正在书房里“大显身手”），也没有不好对付的沙发。这些大型家具，首先要从确认“要・不要”开始就做决定。

如果判断“要”，桌子水平面上什么也没有才是美的空间的关键。越能看得到水平面越丰裕，越看不到水平面越贫乏。当然这无关金钱。

正因为桌面是方便放置物品的地方，也才是更容易开始断舍离的场所。请一定从今天开始不断制造出水平面！请一定学会体会水平面渐渐显现本来面目所带来的欢愉。

再说回我家的客厅与餐厅，我在窗边还摆了一套小桌椅，为了营造酒店房间的感觉，创造偶尔坐下来喝喝茶看看书的那种情调。与客厅矮桌相同，这套小桌椅也用了玻璃加钢管的简单样式。

可是，尽管这样，我从不在这套桌椅上做什么。喝茶有书房的工作桌或客厅的矮桌，看书则最喜欢在床上躺着看。

那为什么要摆套桌椅？完全是艺术行为！更进一步说，桌子、椅子、照明都是艺术品。作为装潢，把它们如一幅图画般置于房内。必要时我也会坐上椅子用餐或工作，但大多时间只是用于欣赏，欣赏这一存在。另外，椅子上放点儿植物也别有一番情趣。

至于照明，在欧美很普遍的红色灯光近几年大受欢迎。不过我喜欢白色的、亮堂堂的灯光，喜欢在明亮的地方吃东西，只在睡前会拧弱亮度、调出微暗的光线。灯光会直接影响交感神经、副交感神经，所以，我们可结合时间、场合、心情，选择合适的色彩与亮度。

## 享受窗边的舒适空间

一套桌椅摆在窗边。落地灯也统一选用钢管材料。摆放一盆小小的绿色或异域植物，给窗边增添一丝风情。

## 不该让绿叶和鲜花绝迹

### 家里脏乱花草就易枯萎吗？

就在前些日子，我因需出门旅行两周左右，一直挂念着家里的赏叶植物——常春藤。回到家，果不出所料，常春藤向下耷拉着，一副垂头丧气的模样，好在浇水后瞬间复活。当时正值盛夏，屋里很热，没想到这花这么壮实！常春藤既耐干又耐热，是共同生活的绝佳伴侣。

一位学员常说："以前常把植物养枯，断舍离后家里干净了，植物也不再打蔫。"这话不假，家里越清洁，植物活得越久。并且，养植物还能净化心灵、净化空气，我感觉屋里的邪气也变少了。植物枯萎，肯定是吸入空气中的邪气造成的。在没有邪气的清洁空间里，植物自然不会枯萎。

鲜花寿命有限，且受时间制约，养护要求较高，细致精心地装饰鲜花实属奢侈。平日保养鲜花，需在鲜花打蔫后，切去茎梗修剪一下，最后插进小花瓶即可。修剪到最后，仅有花朵轻飘飘地浮在水面上也很漂亮。常换换水，鲜花也能活很长时间。

我的茶道练习虽然断断续续，但对其中的插花技艺却极为熟练。插花真是"简单"，只是一朵，无论什么花都能在壁龛里卓尔不群。

因此，乱七八糟的房间里不能装饰茶花（茶室里摆设的花）。

插图画家兼随笔作家上大冈止所著的书中有这样一段话：“能在卧室里为自己装饰鲜花，真是无与伦比。”为自己的睡眠装饰鲜花，可不是谁都能轻易办到的。既洒脱又从容，是真正的奢侈，能做到的话，绝对够地道。我还差得远呐！

**令室内装饰鲜活起来的绿色**

带来朝气与平和的赏叶植物。客厅、厨房角落或是书房一角，只需摆放一簇绿色，空间印象就大为改观。

# 窗外景致要讲究

## “遮挡风景的窗帘”不挂亦可

窗，也就是画框。远眺被这画框截取出来的窗外庭院是日本的古有手法。窗户有通风、采光等多种功能，可仅有功能太无趣，就像吃饭，不能只是吃饱就好。在功能之外还要加上编导，编导甚至更加重要。

二十五年前建于石川的“断舍离公馆”，在我经历了十二年与公婆的共同生活后，终于成了自己的家。为使毗连的杂木林成为一幅画，在设计这个家时，设计师在窗上也着实费了不少心思。面向杂木林的客厅完全通透，开口尽可能扩大，为使窗框不遮挡风景，在三面窗的中间做了固定框格。

古时，有套廊作为内与外的中间区，使内外无痕连接，却既不是内也不算外。日本的家居在建造时本来就很注重内外环境的联结，因此有必要认为，窗既用于欣赏从屋内望向屋外的景色，也是与外界联结的一个途径，而绝非是切断内外联结的。

石川是多雨地域，“断舍离公馆”便成了可以欣赏、聆听敲打窗户的雨景、雨音的极佳去处。

## 窗外的东京塔

相比拉幕式窗帘，我更喜欢遮光帘或卷帘，但因是租住公寓的配套设施，眼下只能保留。窗外就是东京塔。

租用公寓时我考虑的就是要有可供眺望的窗景。现在的公寓位于东京都中心，因窗外难见绿色，我退而求其次地选定了看得见天空与大海的地方。寻觅新家时，我常见有人只盯着房间布局。更有甚者，连现场都不去，只凭房屋平面图就做出决定。我还是建议大家务必调动自己的感觉，多关注关注窗的作用。

窗帘往往被理解为窗的配套设施，可我实在受不了幕帘的厚重感。相比拉幕式窗帘，我更喜欢挂卷式窗帘、遮阳卷帘或百叶窗。

厚厚的幕帘，易遮挡风景，遮阳卷帘则有通透感，能使人感受到与外界的联结。一览无余地看出去难免无趣，若隐若现才更撩人心神。宛如从纸拉门外透进来的模模糊糊的光，就是要这种情调。对，景色就是一种情调。

# 装饰特产画

## 装饰上墙，不愁安置

客厅墙上有两幅画。哪幅都大得令所见之人惊诧不已，视觉冲击效果是咄咄逼人的。画对于我，是力量的源泉。在与人的邂逅、与书的偶遇的同一条线上，还有与画的相逢。

我喜欢在旅途中购买当地人的街头绘画，只有当地才见得着的那种，往往在信步游玩间不期而遇一眼相中。旅行归来，我常会为“土特产”的摆放地伤脑筋，而一幅画只需装饰上墙，不会特别占用空间。

我不会对旅途中买回的画置之不理，始终记挂着要镶进画框装饰起来，要以这种形式给“相逢”画上句号。这镶框作业也是断舍离式的，一番剪切装饰后，画作更加光彩夺目。因要托付装裱店处理，画框的价格常常比画要贵得多。

在客厅东侧最大的墙面上，有幅西撒的布画，这是我在冲绳壶屋陶瓷街经营西撒等摆设的店里买到的。

我对简简单单贴在店内的这幅布画一见钟情，就问店里的阿姨，回答却是“非卖品”。阿姨接着又说：“这是一位年轻西撒艺术家画的，我对艺术家说把西撒摆在这儿倒是可以，不过要给我画个能给人留下印象的招牌，结果他就画了这个送来。虽然这幅画不卖，但可以请艺术家再给你画。”

于是我又问：“大约多少钱？”答：“一万块钱（日元）太委屈画家了。”“那三万块能给画？”“应该够了。”日后，一幅极简单的布画作品被送了过来。

我的客厅里还有一幅画，是我家唯一能称得上出自画家之手的作品，倚靠在挂西撒画对面的墙边，是陶艺家兼画家佐藤胜彦先生的画作。佐藤先生的作品的显著特色是在画里添加了文字。例如在熊熊燃烧的富士山下，写着“不二山寿”，更有“富士之命亦寿、亦福、亦吉祥”的语句紧随其下。

这是我第二次以佐藤先生的作品作装饰。每次望向另外那幅佛画，给人的印象都有不同，确是一幅令人深思该如何与画作相处的好作品。

**冲绳的西撒画**

特产画在装裱店入框，“完结了相逢”。金黄色的镶边使墨笔画更显生机勃勃。

**佐藤胜彦先生的富士山图**

白色墙壁是装饰画作的最基本要求，有时会请人配上挂画的绳。我为佐藤先生的这件作品配上“坐垫”，倚墙而立。

Panasonic
Wash & Dry

# 第6章 『洗』空间

# 不用浴巾

## 为自己定制高品质毛巾

孩提时代，我家没有浴巾。那时肯定有用浴巾的人家，但也极为少见。现在我们已用惯了浴巾，会觉得毛巾太小，但在那时已够用了。不知不觉中，浴巾已深入我们的生活。

泡温泉时，大家都带着浴巾，我却没带，就只用毛巾擦洗身子。的确，毛巾是万能的，毛巾的使用无规则可言。

因此，我在家也不用浴巾（宾客专用的倒是有）。我用着六条毛巾，而且是大小种类完全统一的酒店样式的高品质白毛巾。在这方面一定要舍得为自己花钱。松软的毛巾带给人幸福的感觉，光是这触感就让人温暖……我们在选择毛巾时尤其要重视它带给肌肤的触感。

经反复洗涤，毛巾会变粗变硬，这时就该淘汰更新了。毛巾属易耗品，大约一年就要更新一次。

在我家绝不会有捡了便宜似的使用低价赠品毛巾这类事情发生。质量差的毛巾我便送人或捐赠，自己用的都是定制的品质优良的，这是基本原则。

我们在不知不觉间极易中招，被形形色色的商品“登堂入室”，例如浴巾、护发素、美容液等。“这么说来，以前可没有哎”的东西都被当作了生活必需品。家里随处放置的蹭鞋垫就是代表，洗又不能与衣服一起洗，晾干又极花时间，确实难以对付。

一经断舍离，我们便能清楚地了解自己是如何不假思索地将毫不需要的物品带进家门的。一旦停止思考，物品只会一味增多，结果加重负担，令自己苦不堪言。而对于各类物品的保养工作又根本跟不上，于是对此充满罪恶感，与自己折腾自己无异。因此，东西还是少些为妙。

## 按展示的标准精选洗手台周边物品

洗手台极易被牙刷、牙粉、香皂、面巾纸等零零散散的物品堆满。将这些物品收拾进抽屉内或门后，空间顿时清爽，打扫起来也简单。

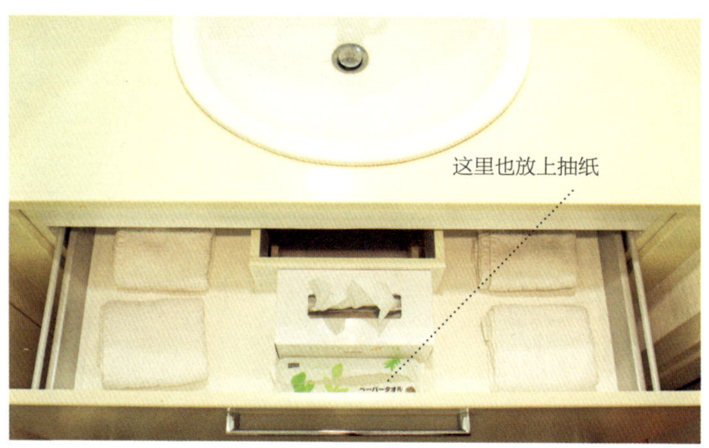


**选择触感舒适的毛巾**

洗手盆下的上层抽屉里，放置六条完全相同的白色毛巾。一天用两条，每天清洗。

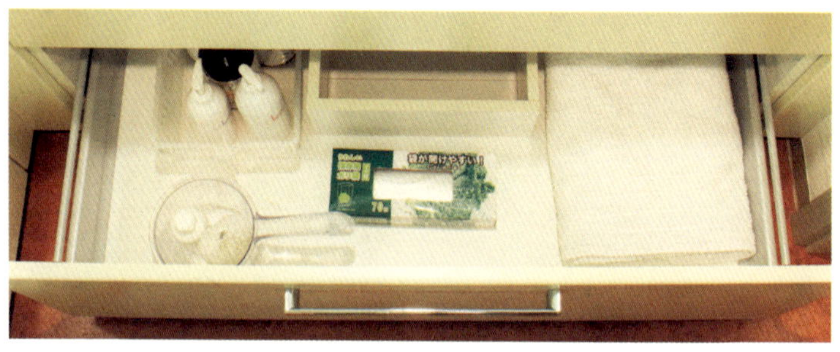

**整套洗浴用品置于抽屉里备用**

毛巾下面的抽屉里，有宾客专用的一条浴巾、抽纸及整套拿进浴室用的洗浴用品。

**展示性摆放美容妆饰用品**

拉开梳妆镜，将护肤、化妆用品摆放美观。这里虽然不对外示人，但我们每天拉开门看在眼里，心情顿时就会愉悦起来。

## 只在早晨护肤，夜间就免了

清晰展示每件化妆用具

从前偏爱素颜的我，近年来随着在人前亮相机会的增多，也开始化妆了。尽管如此，我对没必要的妆饰仍不自觉地坚持着从简原则，皮肤护理、化妆步骤也都能省则省。

一位精通美容的朋友为我配备了化妆水、乳液等全套护肤用品，我一直用着。但我只在早晨护肤。首先，涂上起泡式按摩膏按摩面部片刻。使按摩膏起泡时，不要用起泡网，手动起泡才是关键。接下来，开始洗脸。最后，依次将化妆水、精华液、乳液涂在面部。虽然朋友教的这些步骤已经很简单了，但我还是常常偷工减料。

夜晚断舍离一切皮肤护理。日本美学家宫本洋子女士著的《在夜间美容断食》一书中有句话：只在早晨护肤，夜间就免了！这句话正合我意！遂采纳了这一做法：夜晚只洗脸去污就结束了，其后什么也不做、什么也不抹。睡眠时，什么也不涂抹的肌肤最舒爽。我的皮肤至今不曾紧绷、起皮或发痒过，所以今后要继续将这最简单的肌肤护理步骤保持下去。

将化妆品、护肤品等收纳于盥洗室镜门后，拉开门就像到了商场的化妆品专柜，所以陈列一定要美观。就算只有小小一瓶也要为它留出摆放空间，这样既容易检视余量，也方便用完后放回原处。

五花八门的化妆试用品一概不要收。很多在店门口无意中或随手收下的东西，真的用得着吗？如果用不着，要学会在当下直接一口回绝：“不要！”

再说说从抽屉最里头摸出来的用了一半的牙粉，若是你会怎么处理它？将正在用着的牙粉用完后肯定能用得上，可那是什么时候？半年后？那现在将其置于何处？半年后还有心再用？左思右想，我最终将它送进了垃圾箱。

这种“不知道什么时候能用得上的物品”很难取舍，需要用“要・适・快”的感觉来判断。

## 香波、香皂每次用时再带进浴室

需要脸盆？空无一物的浴室清扫起来更方便

你的浴室里都摆着什么东西？是不是以香波、洗浴液等瓶装类用品为主，从洗澡凳到洗脸盆，从刷牙用具到脱毛套装，一应俱全？更有甚者，墙边还倚放着根本没用过的澡盆盖，以及海绵、刷子等清扫用具。清扫浴室时，往往需要将这些形状大小各不相同的东西移开，实在太麻烦了！而瓶子自身又溜光易滑，难以清洗。

所以我决定在浴室里什么都不放。洗澡时，按钱汤（去公共浴池洗澡）方式只将必需品带进去就行了。其实这种方式是在与作家岩崎夏海先生对谈时学到的，马上就被我用于实践了。

“钱汤套装”都集中在一个小提桶里，里面有洗面乳与香波等，要用护发素也一并带进去。是的，这就是我拿进浴室的全部用品，不用脸盆。

进浴室时带入的这个套装，洗完后再随手提出来。洗完澡，浴室里什么也不留。浴室的地面保持得干干净净，每天清扫也轻松。离开浴室时，捡净排水沟里的毛发，并赶紧将其擦拭干净，也不会黏滑。因洗澡后要用浴室烘干机烘干洗过的衣物，这一过程也会使浴室整体干爽。

清洁浴室用的刷子或扫帚，等注意到它们时，往往已粘满霉物或污垢。就算想把浴室清扫干净，清扫用具太脏同样没辙。因此，清扫用具不要放进浴室，控净水后直接收拾到盥洗室橱柜里吧。

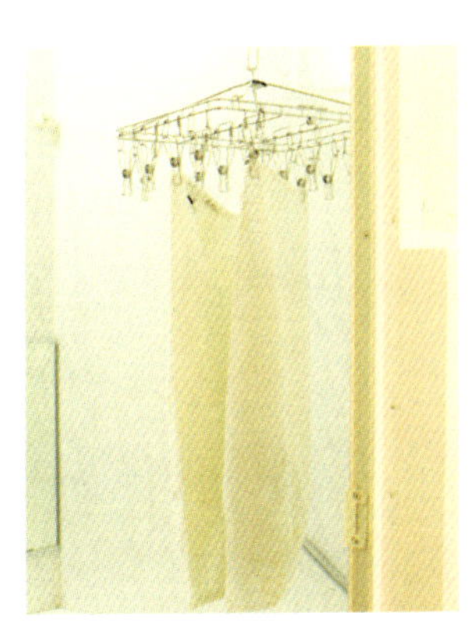

**洗过的衣物用浴室烘干机烘干**

高层公寓不允许在阳台晾晒衣物，所以得用浴室烘干机。将衣物装上挂衣架，床单或牛仔裤则可以直接搭到竿上烘干。

**每次带进浴室的“钱汤套装”**

将全套洗浴用品装在透明提桶里带进浴室。洗澡出来后擦干提桶上的水滴，再放回原来的抽屉。

# 只是擦亮水龙头，盥洗室就大变样

让家里如镶满钻石般闪闪发亮

每逢假日来临，我家里由于工作关系而登门拜访的宾客便络绎不绝。有客登门时，我对清扫工作的热情就会更加高涨。

房间已收拾妥当，接下来便是“扫”，这由扫地机器人伦巴君负责。扫完就开始“擦”。对，亲自动手拼命擦。擦卫生间、擦洗手盆、擦镜子、擦烧水壶、擦玻璃，比平日更用心，而且擦起来就停不下手。

特别是一擦亮水龙头，盥洗室的整体面貌便焕然一新。不需要“闪闪亮”系列洗涤剂，就用碎布不停地擦，只要擦就会干净。

这是为招待宾客？是为请宾客看到干净的房间？还是想获得宾客“了不得，了不得”的夸奖？都对，回答都是“Yes”。不过，在将房间擦得锃光瓦亮的过程中，唯有“擦亮”这一行为本身最有趣。

谁都喜欢发光发亮的东西，谁都易被发光物魅惑。光亮、光辉、光闪闪……哎呀呀，家里就像镶满了钻石！意识到这一点，你就会发现这最简单的“擦亮”作业的妙趣。

不过也有这类情况，浑身上下珠光宝气的人，家里的水龙头却模糊不堪、暗淡无光。我的有位学员就是这样。从外表上看，她生活丰裕，可谓“大富豪”。她家里却乱成一团，又可谓“贫民窟”。

她自己也在想方设法地解决掉这种不和谐，也觉得“这样下去可不成”。就像一个明明很招人喜欢的人，说起话来却满嘴“不过、可是”之类的口头禅。越是这样越该开始断舍离，把相去甚远的外（外表）与内（家里、内在）统一起来。

如果物品收拾得不及时，待达到“扫清”“拭净灰尘”这一阶段后，自己就会觉得已相当努力，往往心满意足、止步于此。难道你不想再进一步，一起享受就在前方的钻石般闪亮的魅惑世界吗？

## 擦亮看不见的地方的乐趣

### 排水沟不黏滑的秘方

说件刚搬来现住公寓时的事情。在请房屋清洁人员帮忙打扫后，表面上倒是干净了，可我总觉得浴室那边有臭味。百思不得其解地过了大约一个月后，总算查明了真相：原来就在排水沟的里面，堵着一块棒球大小的污物。

将看不见的地方清理干净后，真是让人神清气爽，感觉成了“表里如一的自己”。不过请谅解，仅限此时，让我用用消毒剂。

排水沟每天洗刷就不会黏滑，可使其达到不用消毒剂的状态。当要为防黏滑做点儿什么时，则说明平日的养护频率过低了。那么，献给正在与黏滑的排水沟做斗争的诸位，在此我要高声倡导如下“防黏滑三原则”。

“不黏滑、不使其黏滑、甭想黏滑！”

哼唱着这支歌，就是懒得下手的大扫除，会不会也变得轻松起来？

在这里说个秘密，我给我家黏黏滑滑、油油腻腻的污垢们起了个名字，叫“赖着不走的〇〇小姐”。其实〇〇里填进了曾经让我严重嫉妒以至陷入难以自拔境地的一位女性朋友的名字。

也许这就是自己不愿承认的嫉妒心在作祟。

边用旧牙刷拼命洗刷污垢，边唱着：“○○小姐，别再赖在这儿，快快滚远吧！”

由此可以想象，排水沟光亮如镜，我的心情也畅快无比。怎样？一起感受下我这“见不得人”的乐趣吧！

蹭鞋垫仅存在于浴室中，用后马上清洁晾干。

**浴室里什么也不放**

洗完澡捡净排水沟里的毛发，如确认没有水垢，就不必使劲洗刷。有浴室烘干机烘干，也不必担心哪里发霉。

# 年底不需要大扫除

## 奉行“随手清洁”，常年保持洁净

大扫除首先为的是自己。在干净清爽的空间里，自己比谁都舒服。其次，大扫除为的也是空间及物品。对平日里关照自己的空间与物品们满怀感谢之心地扫清、拭净、擦亮，对置之不理的空间和杂乱无章的物品带着歉意地扫清、拭净、擦亮，也是为使空间和物品本身恢复到精神舒畅、开心满意的状态。对，所谓年底大扫除，就是对空间与物品的“致谢”与“致歉”。

不过，年底不需要大扫除才是最理想的，要避免需要对空间或物品“致歉”的状况发生。

为此，扫除要按“随手清洁”的方式常年进行。

如果平常日子认真清扫，大扫除时就没必要挖空心思清除污垢，也用不着依赖本不需要使用就能解决问题的化学药剂。

若造成需要年底“致歉”的状况，则一年到头都怀有“不想给人看”“不想被人看”的心思。这心思挥之不去，便成了一种精神压力，这精神压力又投射在家里的各个角落中。形成恶性循环后，只得不断地为自己寻找借口。

当然也有即便房间脏乱的状况被人看到也能泰然处之的人。这完全是感觉麻痹、感性钝化，这情形很可怕，哪怕有点儿装门面的意思也好啊！

说了这么一大堆的我，也并非完全不搞大扫除。母亲家仍需要大扫除，那里的维护管理曾是我的职责。

一楼客厅和厨房等公共区域在断舍离的规范下，变成了清爽的空间。这是任由我清理的战果。成问题的是二楼母亲的房间。因为不是我的地盘，只能极谨慎地加以干涉。母亲的房间一见之下倒是整洁，其实是彻头彻尾的停滞区域，什么都看得紧紧的动也不让动。物品仅仅是存在，用得上的只有极少数。

# 不需要卫生间专用拖鞋

## 淘汰难保清洁的蹭鞋垫、马桶坐垫、洁厕刷

我家卫生间里没有拖鞋。这样说，肯定会有人反对吧？不过，我常常希望解除对卫生间啊排泄啊这些词的心理障碍。因为内心设定了房间是干净场所、卫生间是肮脏场所这种区域划分观念，才需要在卫生间放拖鞋吧！

卫生间是待客空间。就像用“食”来待客，卫生间也同样。对人而言，“食”是入口，卫生间是“排泄”的出口，哪方面都不能耽搁、不可怠慢。

因此，清洁、保养家里的卫生间至关重要。为此要按“随手清洁”的方式清扫。与身体保养的观念相同，有了体垢就该清除，卫生间里的污垢同样应及时清除。污垢有看得见的和看不见的，它们都会散发异味。

不放置不适合“随手清洁”的蹭鞋垫或马桶垫。并非每次用完卫生间都清洗的这两样东西怎能保持清洁呢？

我也不用洁厕刷，而是用一次性的卫生间专用清洁纸不断擦拭马桶、马桶座及地面，一天擦好几回。

打开厕纸的包装袋，将厕纸一个一个取出保管。这是将物品带入空间时“事先费的工夫”。这样，使用或更换厕纸时，就减少了一个动作。卫生间、厨房、衣帽间，将断舍离的思路贯彻始终。

**清洁平和的卫生间**

没有蹭鞋垫也没有拖鞋，按“随手清洁”方式，卫生间变得极易保养。加上一簇绿植或一抹清香，皆可编导“待客大戏”。

## 芳香飘溢，令人欢喜

北海道特产天然薄荷精油

我喜欢卫生间里飘溢着薄荷的芬芳，也很喜欢同样透着清凉感的大叶桉的清香。卫生间芳香剂多是便宜货吗？

香味也是待客手段之一。卫生间的基本要求是清洁，在此之上，如果还有芬芳剂或者鲜花等可以润泽心田的物品，会更舒心吧！

去北海道旅行时，我买回了由天然薄荷提取而成的芳香精油。其中特别中意的是北见名产“天然薄荷精油”，这款精油在机场也多有销售，很适合做礼物。

芳香精油中，薄荷味的比较便宜，是初用者也很容易适应的香味之一。

药店里也出售一种朴素无华的瓶装薄荷精油，多有地道的上好香味，请一定试试！

用薄荷精油浸透棉纱布，预先暗藏在厕纸卷筒中。客人们在卫生间里找不到香味瓶或香味发散器，嘟囔着“哪儿来的香味？”他们东找西找的样子可真有趣。

平日里也可充分利用芳香精油的各种功能。卧室里用于安眠的薰衣草香；书房里用于提高注意力的迷迭香，混合上薄荷香也一样受用。

除芳香精油外，我还时常使用熏香。去海外旅行时，我动不动就被当地神秘的熏香迷住，买下不少，等意识到这一点时，抽屉里已满满当当存了一大堆。想起时就摸出来一根，放在书房香碟上点燃。伴随着梦幻般的瑜伽音乐与缭绕的香烟，文稿进展神速，真不可思议。

**在厕纸上设个机关**

将芳香精油滴入棉纱布，藏在厕纸卷筒中。每次轱辘轱辘地用纸时，就飘出淡淡的清香。

# 第7章 『学』空间

# 餐桌用作工作桌

## 桌上，一台电脑、一个笔筒

工作桌越大越好！我以前放在餐厅里的餐桌现正在书房里作工作桌用，它的尺寸是 180 厘米 ×90 厘米。一旦我们展开工作，最重要的是能够俯瞰工作台。一般的学习桌没有足够的尺寸承受得住俯瞰，而用办公桌从室内装修角度讲又稍显无趣。于是，这耐脏的核桃木餐桌，不，是工作桌，虽带点儿瑕疵也别有一番情趣，令我越用越爱用。

只有一点不好办，那就是跟餐桌配套买来的椅子，因为它们同样由坚硬的核桃木制成，若人一直坐在上面，屁股上会坐出黑斑……我当然不会连续坐几小时吃饭，可从早晨起床直到天黑，常常忘记吃饭一直坐在书桌前工作。“这可不得了！”于是我赶紧加了个坐垫。

工作中，桌面上会散落各种物品，但我更想说是我有意使其散落。从文件到资料、书籍，所有物品都最大限度地摊开，处于视野内，是为俯瞰之势。这样做，需要的文件一触即得，脑袋里的东西也能得到整理。

工作结束，我会将各类物品原样放回橱架或抽屉，只留下笔记本电脑与笔筒在桌上。

## 方便工作的宽大桌面

将从生活艺术工房（位于石川县）订购的餐桌改用为工作桌。宽大的桌面，最适合俯瞰工作文件。

“反正第二天要处理同样的工作……”有时我也会任由物品散乱在桌上直接上床，但原则上都会留心收拾干净。平时工作，即使出错，我也不会让打印纸堆积如山，因为那样会引发“雪崩”。翌日清晨，桌面上什么都没有的桌子与乱七八糟的桌子，哪个会使你心情愉快地开始工作呢？我只是坐在干净清爽的桌边，创意就能从天而降。

工作桌上方的墙壁上，装饰着花体字。这是在美国西雅图路边店买的，是位韩国艺术家的作品。我在现场等了几分钟，请其绘出“DANSHARI HIDEKO”（断舍离 英子）字样。

之后，我将带回来的两张图拼接在一个画框里，做成一幅很漂亮的画。工作中抬头看看，这些美轮美奂的花体字就像在为我打气。

# 笔筒里留三支笔

## 可当作艺术品欣赏的笔筒

我书房里的工作桌上，摆放着电脑与笔筒。因为我总想一下子就能将需要的东西拿到手，因此会将多余的笔收拾到抽屉中。

说起笔筒，对于笔与笔之间毫无间隙、插得满满的笔筒，人们已司空见惯，但在我这里只有三支笔，再加上修正笔、剪刀和直尺，这就是全部。备用笔与其他备用文具都放在抽屉里。

现在介绍一下我的这三支爱笔。

第一支是黑色仿毛笔，是一款橡胶软头签字笔。有个时期我爱用 SIGNO（三菱铅笔制造的中性黑色圆珠笔品牌）的蓝黑圆珠笔，最近迷上了具有流畅轻快书写手感的签字笔。笔尖在纸上顺滑无阻，从天而降的创意语句落笔成文，真中意这感觉。

## 用马克杯作笔筒

笔筒也选用赏心悦目，使人心境平和的款式。想来点儿变化，就换个马克杯。笔筒本身就是工作桌上的艺术品。

第二支是 FRIXION BALL（日本 PILOT 公司的可擦圆珠笔）的三色笔。我在记事本上记录日程时，会使用三种颜色。这款圆珠笔的强大之处在于可将字迹完全擦净，因日程表常会变更，这支笔绝对适用。

第三支是荧光记号笔 TEXTSURFER GEL（德国施德楼品牌下产品）。其蜡笔般柔软的书写手感极为难得，成为其一大特色。以前用过的荧光笔，在飞机上用时，会因气压影响造成墨水外漏。而用这支笔时，即使手下不稳，当然包括在飞机上，也能毫无压力地画出线来。

我读书时经常用荧光笔将重点语句圈出来，因此手边的书里，不是黑色就是黄色。另外，用签字笔在思考整理本里做图示时，也会因“这里特别重要”而又换荧光笔出场。

# 用“三分法”管理工作

## 让乱成一锅粥的脑袋变清爽的方法

原则上可以将工作分三类。正如断舍离由三个字组成，任何事物都可以一分为三地来考虑，按“三分法”整理头脑。

工作中的桌面上，虽然为了俯瞰将文件铺排得场面很大，其实桌上的文件可大体分为三类。首先，进行中的工作文件居中。左右则分别是完成了的工作文件和将要着手的工作文件。

不仅限于桌面，物品在橱架、抽屉里保管时也都分三类。断舍离不设置严格死板的规则，均以“三分法”这种宽松的思路执行。

比如进行中的文件，稍后会被移到已完成工作区域。此时，要决定文件“留还是不留”。将“留”的文件存档至已完成工作区，将“不留”的文件马上哧啦哧啦地撕碎。决不“姑且留一留”，要确保工作无间断地推进。

把从过去到未来的文件，如收纳商品般很完美分类的也大有人在，但我无论如何都做不到。文件一收纳起来就会忘掉，这就是所谓的收纳即忘却。因此，我只把真正需要保存的东西留在身边。我留下的，仅是出书过程中的完成版，并没有将中间草稿作为“努力过的纪念”保留下来。

我这样以“三分法”不断断舍离的理由，完全是因为脑袋极易乱成一锅粥。我常常没头没脑地胡思乱想一通，因为实在不愿事态比这更没头没脑，就只得拼命减少物品。其实我真不是整理能力特别强的那类人。

有的工作确实也会同时进行，这儿沾沾手，那儿沾沾手……我绝不是这种能把事情一件件积攒起来再一件件处理掉的人。我若是没心做什么事的话，绝对不会染指其上，直到有心做了，才会专心开始，这样就不会转来转去坐立不安。我有时就像考试前一天开始整理抽屉的学生，擦擦这儿蹭蹭那儿，忙个不停。

不被逼到截稿日期就什么也不做？是的，可以说我是被逼着才能发挥出能力的那种类型的人吧。

# 备用文具一元化管理

## 常常在文具店碰上新品类

整整一抽屉，所有备用文具都“和和睦睦”地趟在一起。我就是这样一元化地管理备用文具，并不像所谓收纳术那样，将其贴上标签按品类分类管理。

我也曾尝试过细致地分类，但很快就死了心。

断舍离建立的是不需要细致分类便可达成目标的体系。若你能做到俯瞰抽屉内的物品，管理也就轻松了。

现在按备用文具的品类数一数吧！圆珠笔 1 支、签字笔 3 支、记号笔 1 支、万能笔 2 支、大小夹子各 3 个、铅笔 1 支、橡皮 1 块、活动铅笔 1 支、铅笔芯 1 盒、墨水笔芯 3 支、浮签 5 套、胶水 1 瓶、透明胶带 1 个、订书机 1 个、订书钉 1 盒。

要严格控制备用文具的数量。备用品短缺会不会有问题？不会，因为能将抽屉一览无余，备用品自身就会发送给我“马上要断货”的信号。就算断了货，在当今时代，也能马上跑进便利店补齐。我这里没有藏而不用，永无出头之日的备用品。

我总在文具店购买文具。文具店跟书店差不多，是个充满乐趣、能激起好奇心的“仙境”。我也总期待与最新款文具、意想不到的品类相遇。我的书主要在网上书店买，有时餐具也在网上购买，唯独文具一定要抬腿跑去文具店买，因为网购往往会形成大量购买、集中购买的局面。

尽管这样，这个备用品抽屉也要经常断舍离。抽屉是个不易使物品引人注目的封闭空间，是个易使零碎物品逐步堆积的盲区。

最终，会积攒下质量低劣的圆珠笔，比如那种觉得人家特意赠送、明知书写不适也佯作不知的品种。适可而止吧，这种薄礼文化难道不是更该断舍离的吗？

从秘鲁捡回来的沙漠之石——能量石。

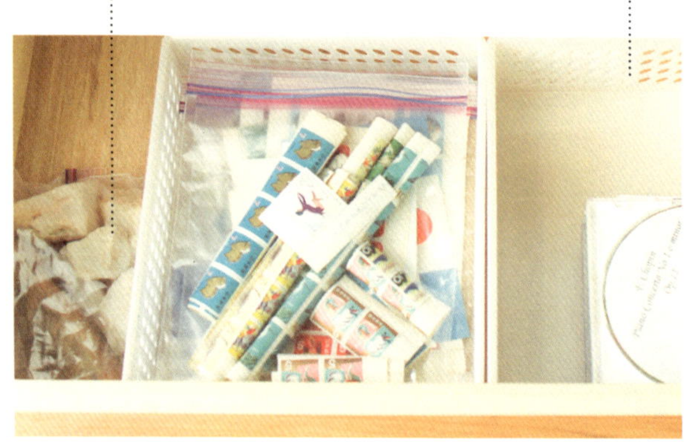

**花花绿绿的邮票藏品**

电视柜下的抽屉里，是“因为要用”才向丈夫索要的邮票藏品，没有藏而不用之物。

# 在电视柜下集中管理文具

电视柜不放在客厅里。

在色调单一的音响类家电空当处，置一簇使心灵宁静的绿色。

抽屉里整齐地收纳着备用文具。

### 音响家电俨然成为室内装饰的一部分

选购电视与 CD 播放器时注重样式。
下面是 DVD 播放器和便携 CD 播放器。
这是书房里的小小音响角。

### 备用文具的一元化管理

将备用文具集中在一个抽屉里，什么东西有多少一目了然。分品类限制数量，可留可不留的随时断舍离。

# 多余的邮票分赠出去

## 加上句话，不给人造成负担

曾几何时，分赠物品这一温馨场面在日本随处可见。与送礼或赠送不同，这里并非特意去买家里没有的东西送人，因为这样自己的持有物并无减少。分赠是因苦于得到的过多，有请大家一起分享的意思。因此，食品就不必说了，衣服、餐具、书籍，只要我想到的，马上就会将多余的分赠出去。

“在物品尚能使用之时分赠”，这是断舍离的原则。将物品保存起来不会产生使用价值，转赠给其他的人持有，物品才能循环利用。与其使物品无休无止、杂乱无章地摆放在家里，不如请人拿走更清爽！有时我甚至会有“感谢帮我清理东西”这样的心思。

以丈夫长年累月收集的大量邮票为例，丈夫虽不是个狂热的收藏家，不过男人总有个收集邮票的时期吧！我开始单身生活时，觉得邮票躺在抽屉里睡大觉太可惜，就全带了出来。虽是这样，但因为我也不是个能认真写信的人，所以邮票根本用不完。于是，便凑够数送给了一位画绘手纸（手工绘画并配有手写短文的明信片）的朋友，他欢喜得不得了。并且，绘手纸上贴上与图画搭配的邮票更具美感。

对于买得太多的土特产，我则拜托碰巧上门的电力工程人员带走。分赠物品时如何表达非常重要，话里话外不能给对方造成负担。

分赠时附带一句“家里有太多，吃不了正犯愁呐，您能笑纳，真太感谢了”，比起“这个，给你”更加礼貌柔和。太强加于人，对方会反驳：“你家不要的东西，我也不要！”

如果分赠方常担心“对方会不会也有多余的”，而受赠方则常顾虑“收下了就必须回赠”，这一来二往，会最终导致人际关系难以融洽。所以，无论赠予与受赠，都不要有过多的心理负担。

如果将这小小的分赠作为生活方式的人增多，更轻松和谐的人际关系就会随之产生吧！

“不好意思，我这里有富余，请您笑纳。”平日里若能达成这样的人际关系，该有多美好！

## 将纸质品在门口断绝

### 真有“扔了会惹大麻烦”这样的事？

信件、发票、宣传单、使用说明、各种印刷品……家里满是乱糟糟的纸质品，还无法一扔了之。原因是：

文件——见证了我努力的工作；

资料——提供了大量的信息；

书籍——涵盖了丰富的知识。

这些都称得上是能够满足人的社会性认可需求的证据。

对它们问“要”或“不要”难度相当大，但不要的东西就不能要。面对纸堆，若前思后想犹豫不决，更浪费时间。

因此，舍弃的时机就掌握在“每次的相遇”之时。纸质品稍不留神就会堆积下来，因此要在门口或门口附近断绝。“绝不能从这里进门！”我会在玄关处意志坚定地将其舍弃掉，也不用碎纸机，就用手“哧啦哧啦”地撕碎。我根本不去看“稍后再看”或“写有重要的事情”等字样，态度干脆而明确。事实上，丢掉某些纸质品后并非完全没问题，只因记忆中还没发生过什么，想是无甚大碍罢了。况且当今时代，若真有什么问题，打个电话就能解决。

家电等的使用说明书也要在开箱时当场扔掉，即使是操作相当复杂的也不留！就像电脑操作说明书，我从不看，也看不懂，不如问问精通电脑的人更省事。

这一来，说明书类就不会在家电本尊已不存在时还冒出来了。而且吹风机等小家电本来就不需要说明书，要鼓起勇气舍弃它们。就算家电出了毛病，我也认为那就是事故，不可能因为没有保修单就不能请人维修。

租住公寓常有入住指南，一代又一代租户的指南都留在架子上。因为不是自己的东西，谁也不愿处理，而且搬走时自己那份也被留了下来。这类事情绝不能容忍！我连同前任租户留下的共三份入住指南一股脑儿断舍离了。

## 工作桌右侧的橱架上部兼作展示用，只收纳五成物品

带玻璃门的橱架上层是展示及工作文件区，下面的抽屉是与钱物有关的物品及名片、印章等贵重品区。

### 财务专用抽屉

橱架第一层抽屉，是财务相关区域。收据、发票统一盛放在一个盒子里，计算器也一并放入。零钱放在一个小盒子里。另外还有专门的名片盒、印章等。

### 经常用到的物品

照相机、耳机、便携式播放器等经常随身携带的物品置于这个抽屉里。所有抽屉都铺上报纸防潮。

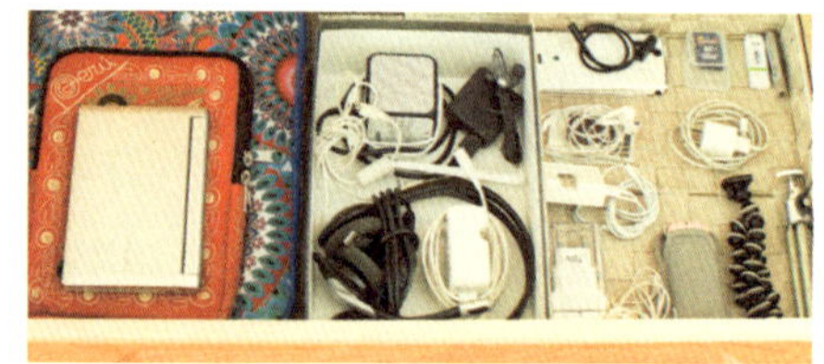

### 使用最少的物品

护照、存折等放在这里。

**三分法保管工作文件**

与工作有关的文件，置于玻璃门内，分成“三摞”保管。不断扔掉用完的文件，使橱架里装饰的器皿更从容。

# 收到的明信片和名片的去向

## 姑且留下？不！

常听人说收到的贺年卡、答谢信、问候信等因饱含深情，不便处理。有人认为最好保留几年，至少一年。我怎么应对？我呀，真不好意思，我早就处理掉了。读过字面内容，感受到对方情意，明信片的使命就宣告结束！纸制品太容易存积，没有要断绝的意志真的会很麻烦。

收到的名片也不留存。有人说“不能扔掉接过来的名片”，但有什么不能呢？因为写有个人信息？那么只需要撕碎它们使隐私内容不为人知，或扔进碎纸机处理后就可以了。

现在我虽请事务所的人对收到的名片进行数据管理，但在交给负责人前仍再三精简。仅仅交换过名片的人，要多少有多少，这类名片要毫不犹豫地处理掉。

本来我就看不出名片的价值。名片交换，只是彼时的客套，与落地无声的言语无甚区别，不过在寒暄辞令上加了客套的文字而已。我认为通过分发名片构筑人际关系的可能性微乎其微。总之，我就是这种个性，也一点儿也不在意自己的名片被扔掉。

这样，我只将留在手边的名片保管在书房橱架的抽屉里，旁边是自己的名片。

我名片上的“山下英子”这几个字，是请很敬重的一位书法教师以太阳的形象描画出来的。

**山下英子的名片**

住址、电话、邮箱一概没有，名副其实的只有名字的名片。名片上的图案，仅仅持有就令我意气风发，甭说递出去的时候了。

# 贺年卡，免了！

## 将这种负疚感断舍离！

年末写贺年卡的习惯已被我断舍离数年，因为我选择用不近人情或久疏问候的方法来换取年底时间与心情的余裕。

早些年头，我本打算回复收到的卡片，可数量实在太多，回复计划遭受挫败。于是从第二年起，不管收到收不到，我一概不发！至此，贺年卡本身也被断舍离，心情反而畅快很多！告别多年的习惯，虽说开始时稍有不适感，但现已卸下对贺年卡曾有的精神负担。

现在，仍有人给我寄来贺年卡，对此我真是心怀感激。

发自心底的祝福令人欣慰。不过，“因为大家都发，如果我不发……”如果有人因有这种心理作怪，对没发贺年卡深感内疚，没有必要了。

也有发出去却适得其反的情况。例如，一言不附仅有印刷文字的贺年卡，与其简单机械地一发了事，还不如不发好。要发，就该写句话嘛！

有时，我也会收到一起共事的同事发来的答谢信。尽管非常高兴，可收到手写的书信，却倍感“必须回信”的压力。所以就算我要写信，也会先替对方考虑：“这位会不会对回信有顾虑？”

原则上，没有答谢信没有问候信，之于对此毫无怨言的我不啻为天大的喜事。因为自己就是“不发”的那类人，所以对“发给了你，回信就是天经地义”这种心思很是厌烦。

我婚后长年居住的石川县就有这样的习惯。一直旁观被这习惯折腾得昏天黑地的婆婆，她的口头语是“不说点儿吉祥话会遭人厌啊”。她总想让别人感觉自己做得很周全，好像别人的评价成了她的标准。

我知道传统与习惯固然重要，却也不愿超限度地难为自己。

## 书房里面的衣帽间也是 ⊓ 形，整个书架置身其中，伦巴君也在这里

与卧室里的衣帽间以收纳服装为主不同，书房里的衣帽间以收纳书和包为主。衣帽间的门不关，人和空气都能自由出入。

### 书房的衣帽间

书房的衣帽间里，右手边是书架，左手边是包类。正面什么也不放，从工作桌那边望过来，看不到任何物品，就像另有一个房间般宽阔。

### 书架也置于衣帽间内

衣帽间右手边是书架，总计有二百本书。经严格分类，选出要送人的书、新购进的书等，时时更新。

放置包内物品的收纳筐在这里。

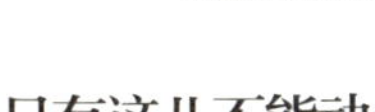

**只有这儿不能动**

这里是放绘画和书法的练习用品。因为我的水平还差得很远，这里已变成了“魔窟”。

**有插座更便利**

书架中层放着打印机，一角的伦巴君正在充电。衣帽间里有电源，用途很多。可一览包内物品的收纳筐在此待命。

**背包悬挂起来收纳**

衣帽间左手边放包。它们被“舒舒坦坦”地挂着，方便取出也不易变形。我的包以在东南亚和南美市场上一见倾心的彩色背包为主。

## 舍弃的书，保留的书

"书要拥有，书要翻烂"，这就是独成一派的山下流

我买书的频率惊人，一般按每周 2 ~ 3 本的节奏购入。用作资料的书籍也好，靠在床头看的小说也罢，都不借阅，一定要自己拥有。在图书馆预约本书，前面有几百人等待的情况时有发生吧。图书馆是借阅难搞到的古书或资料的地方，却不是借畅销书的地方。

不过很遗憾，最近我不怎么逛书店了，几乎都上网买书。对此稍有点儿难过。因为我最喜欢书店，常常坐里面不出来，买下不该买的书也开心。与此相反，在网店买的书转眼就到。二者各有所长，要尽情享受这两方面的好处。

现在，我的手边约有二百本书。书的总量不变，构成上，购入与送出的书时常更新。那么，如何区别要舍弃的书和要保留的书呢？

留在身边的书，是已读透读烂，读到发黑的那一类。贴浮签都嫌麻烦，干脆折起页边，用记号笔画线圈圈。

将书翻烂，便是我的读书方法。因此，如果是借的书，那可要赔偿了。

书这种东西，跟食物一样。先尝一口，咦？觉得不对劲的东西用不着吃到最后，而尝到甜头的可一口气吃完。有读不进去的书很

自然，这种书里哪怕有一句话能打动自己，买的就值。

尝一口就够的书要定期处理。本来我一直将其送去废品回收店，有段时期嫌麻烦就直接作为垃圾处理掉。不过这对书籍出版者不够尊重，书能传递到下一位读者手中最是幸运。

所以，我大多将书赠送他人。虽然大多书籍都已破旧到不能送人的状态，但我一般会先告知对方一声，强调书本身没什么问题，再请人收下。其中也有人喜欢要“山下女士画了线的书”，说因用黄色记号笔画了线，容易看到重点。

## 让背包每晚尽情呼吸

### 掏出包内物品置于收纳筐中，回顾一天的时光

美国西海岸郊外有家奥特莱斯店（品牌直销购物中心），顺路漫步至此的我，完全被那场面吸引住了。这里，在日本完全无法想象的打着灯笼也难找的好东西数不胜数。视线尽头，是挂着定价三折标签的 Coach（蔻驰）包。我就像要争夺似的（当然我赢了），把包抢到手中。

因为我的背包多是吸引眼球的款式，背上后我便常被店铺的店员们夸“好可爱啊”。对，背包最适合作为沟通交流的工具。

现在陈列于衣帽间里的是五个正好能放进 A4 文件的背包，另外还有大小旅行箱各一只。我虽喜欢包，拥有的数量却不多！我想，家里独霸着五十个上百个包的也大有人在吧。我不这样，因为背包不留意就会贬值，所以我总是趁没损坏时就放手。

至于放手方式，总的来说就是送人。就算还正用着的，也在心里盘算好“早晚要送给○○”。

包内物品虽然每天各有不同，但大抵是这些：智能手机、钱包、印章、钥匙、卡包、眼镜、日程本、A5 的思考整理本、笔袋，另有装小东西的小包。这小包里有手帕、面巾纸、唇膏、梳子。化妆

品只有唇膏。以前我还随身带着粉底霜，有次突然意识到“我根本不补妆”这一事实，粉底霜便被断舍离了。小包上的小口袋也能做垃圾袋，零碎东西都集中在这里。

每天回到家，便将包内物品全掏出来放进收纳筐。包只背一天，就跟垃圾场一样了。就算第二天要背同一款包，也应暂且清空。这样就能俯瞰包内物品了。俯瞰之下，可对随身物品做个盘点。这样包内物品既不会缺失，又能得到及时补充。不必要的东西则不再随身携带。

“劳累一天您辛苦啦！”让清空了的背包放松休息，尽情呼吸吧！感觉新鲜的“气”被填补上，背包又容光焕发了。

**排列开来，是这种感觉**

左上起向右，第一排：名片夹，卡包，笔袋；

第二排：印章，眼镜盒，小包；

第三排：钱包，智能手机，家里的钥匙。

内仅有手帕，纸巾，梳子，唇膏（我不涂口红）四件物品。

收纳物品后，俯瞰之下的收纳筐。

## 将包内物品每晚一股脑儿地倒进收纳筐

每晚俯瞰，今天身上背了这么多东西啊！将易积存于包底的垃圾也清理干净。第二天又能以崭新的面貌背出去了。

**收拾进来**

包内物品全部收拾进收纳筐就是这个样子。翌日不需要的物品不再放进这个筐里。将收纳筐放回衣帽间。

## 钱包，钱物之家

### 先决条件是全开放式，能够俯瞰

在店铺结账时，有时会被店员问到：“在哪儿买的钱包？”我的钱包一年比一年花哨，是的，钱包每年都买新的。

经过年末一番忙碌，在一年的转折点“节分”（日本传统节日，立春的前一天）到来前，我买了个新钱包。虽说不很喜欢“走运呀”这类小家子气言辞，不过钱包确实讲究吉利。亮闪闪的，不，光彩夺目气势十足的钱包拿在手里，感觉就是有钱！我还喜欢把用得依然光洁如新的钱包送给朋友：“这可是财运亨通的钱袋子哟！”连自己都觉得会年年高升。

买钱包时的绝对条件是全开放式，能够俯瞰。

一天结束，俯瞰钱包内部。尽管原则上不要收据，但因经费结算的需要会留下几张，得整理它们。

积分卡类一概不办，优惠券类一概不收。这是想得些小便宜的心思的表现。极少人能将卡用到最后攒下积分，而且白送的马克杯也未必就是真心想要的。

装进钱包的有两张信用卡、可作身份证明的保险证和驾驶证，这就是全部。还有人随身带着挂号证，内科、耳鼻科、牙科……好几张，其实只在去医院时带上这些即可。健身俱乐部等的会员卡也同理。

现介绍一下我这花哨的钱包和一位朋友的钱包，很有趣，几乎是两个极端。

我的钱包是色彩艳丽的粉色釉质材料，她的则是素雅的茶色葡萄蔓自然材质。用家做比喻的话，我住的是大型房产建筑商规划的定制公寓，而朋友住的则是当地小建筑公司按土法建成的传统家居。

因为喜欢新居，一年搬一次家、吐故纳新的我，始终住在品质逐步提升的家里，而她则是一直居住在一成不变的家里。是啊，人与人的嗜好和习惯都不同，关键是住在这样的家里的人能否开心地生活。

· 钱包 = 家

· 钱财 = 家中的物品

因此，看了钱包，那人家里的情况便可了如指掌。而且，我们也可以通过钱包的状态，来看透人与钱物的关系，钱包里满是我们潜意识的证据。也就是说，我有挥金如土的潜在欲求，而朋友则期望一分钱掰成两半花。

顺便说一句，她不管多着急都不忘吸口气停顿一下，将纸币的上下方向码齐再放进钱包。例如在便利店里，就算身后有顾客排队也这样，顶多一两秒的事，我很想学学她的样子。相反，我在出租车上接过的找回的零钱，多是一下子直接塞进钱包。只有在一天结束时，才会俯瞰着钱包将纸币方向整理齐。

钱包确实能深刻反映出持有者从钱的花法到性格、生活方式的方方面面。

## 要选全开放式可远眺的钱包

革小物（皮革制作的小物件），米开朗琪罗钱包，虽有很多内袋，随身携带的只有一张银行现金卡和两张信用卡。

## 月历式记事本，三色笔

### 日程满满，房间杂乱！

我记录日程时选择用月历款式的记事本，以前也用过连日记带将来的梦想等都能密密麻麻写进去的记事本，最终还是回归了简单的样式。

书写则用三色可擦圆珠笔“FRIXION BALL”，以时间红、地点蓝、内容黑的三分法做区别。过去按私事和工作来区分颜色，不多久就意识到“没有公事私事之分，所有时间都该珍惜、都应享受”，现在转为“三分法”。

其实每天的日程与房间的整理关系极大。

日程越满，房间越杂乱无章！

经常有人请我去指导办公桌周边的断舍离，最近去看的那办公桌可真让我大开眼界。有三位从事媒体工作的客户，每天忙得不可开交。拉出的抽屉上堆着文件，文件上还放着电脑。椅子甚至都放不进桌子下面。

啊，大家太忙了！每月、每周、每日、每时每刻都是截稿时。想想要处理的工作量之大，一定会觉得连为提高效率整理桌面所花费的时间与体力都太不值得。遗憾的是，其结果便是恶性循环。不过，或许是长期习惯了这种状态，他们毫无危机感的样子反而更成问题。“请不必择言，别留情面！”在这样的要求下，我就当真不留情面地指导了一番，却终归是应急外科手术式的权宜之计。做手术就难免伴有伤痛，只有这伤痛彻底痊愈，才能恢复正常的新陈代谢。

什么时候发现屋子开始凌乱，就该重新审视一下日程表了，这一点请务必牢记在心。

说说我的日程：上午在喜欢的时间起床，写写稿子，收拾家里；下午或接受采访或商谈，有时晚上也有约。现在制作中的书有好几本，瞅准空闲安排出差、旅行、探亲……

## 俯瞰灵光一闪的“思考整理本”

### 一旦导出，及早放手

一定会装进背包随身携带的A5笔记本，被我命名为“思考整理本”。这本子不限厂家或品牌，并总用方格本。虽然我完全不按方格书写，却既不用横线本也不用空白本。

这是一本在商谈或接受采访时，为整理自己脑袋里的灵光一闪，随手记录的本子。“好主意闪现出来”，但只在一念之间就会像沙子般急速流失。因此并非要将这闪念完整记录，而是用图示或写成标题模样的一句话“唰唰”记下。

比如，某一天的页面上写着：

· 一成不变未免无趣

· 标新立异恐难心安

这是在分析买了新衣却没穿这一“失败的理由”时写下的，混乱的思绪忽地在那一瞬间清晰起来。这样俯瞰笔记本上的闪念，便如获得了新灵感，新构想不断形成。

将这些条理清晰的想法反映到文稿中、发布在博客上后，笔记本的使命便宣告完成。我几乎从不回头再看笔记本。也有个时期，我会将笔记本保留一段时间，后来意识到不会再回头查看，便毫不留恋地将其舍弃掉。即使还在使用的本子，一旦摘录用掉，我也会按装订线马上剪下扔掉。这样一来，笔记本也渐渐地变轻变薄了。

记录时我爱用的是仿毛笔橡胶软头签字笔，沙沙地在纸上书写的手感，真可谓前所未有地畅快。

我还有一个钟情于这支笔的理由，是能感知到书写时的横向动作。平常写稿做的是敲打电脑键盘的动作，也就是纵向动作。而用笔在本子上书写，做的是横向动作。这两种动作对大脑起的作用正相反，两方面平衡起来，就会对大脑产生相当强烈的刺激。

# 以自我为轴与电视共处

## 能否按自己的意愿开或关

以单身生活为契机，我断舍离掉了电视，过了一段没有电视的日子。

虽说没感到特别不便，但因突然有了上电视的机会，便忙不迭地奔向家电卖场。碰巧有台卖剩的，很便宜就入了手。

这是台轻薄紧凑、带有方便搬动把手的电视。选择 DVD、CD 播放器时也同样，我重视的是家电的设计样式。就功能来讲，能看、能听、操作简单就足够。从室内装潢来看，能成为艺术品才是选购标准。

我家的电视化为书房景致的一部分，并不是自我表现强烈的那种类型。当然也有坐镇家居中心，俨然主人一般的电视。

客厅就是看电视的地方，这样的家庭也为数不少吧。令人紧盯着画面拔不出眼，电视确实拥有这种魔力。

电视与日本人的生活已经无法分割。姑且不谈电视以何种形式在家庭中存在，就以人与电视的相处方式而言，我觉得完全体现在一点：能否按自己的意愿开启或闭合开关。

选定电视节目按下 ON（开），看完节目按下 OFF（关）。你能按自己的意愿做这些动作，能以自己为轴来控制吗？

将电视说成恶人倒是过于片面，毕竟电视也可作为获取信息的手段而被人们需要。有关灾害类新闻到底还是电视更靠谱，况且我现在还正津津有味地看着NHK（日本电台）的早间连续剧呢。不过，十五分钟的电视剧一播完，我就啪的一声关掉它。

“一到家就无意识地打开电视，只任由信息自顾自地流淌……”不管怎样，我决不允许这种情况发生。倒是也有“没有声音心里就不踏实”的人，这就看出自我管控的必要性了。

为看自己在电视上出镜而买回电视，结果却仅看了最初那次。自己在电视上的形象怎么样呢？从那以后，我一次也没看过。